Michael Sieber

Bausteine zum Erfolg

Kaufleute für Büromanagement
Prüfungsvorbereitung

Abschlussprüfung Teil 2

1. Auflage

Bestellnummer 00509

■ Bildungsverlag EINS

service@bv-1.de
www.bildungsverlag1.de

Bildungsverlag EINS GmbH
Ettore-Bugatti-Straße 6-14, 51149 Köln

ISBN 978-3-427-00509-4

Vorwort

Das vorliegende Buch bietet für den zum 01.08.2014 neu eingeführten Ausbildungsberuf „Kaufmann-/frau für Büromanagement" eine **zielgerichtete Vorbereitung auf die Prüfungsinhalte des zweiten Teils der gestreckten Abschlussprüfung**. Die gestiegenen Anforderungen der Arbeitswelt spiegeln sich auch in den Prüfungsanforderungen wider. Neben einem fundierten Fachwissen werden verstärkt Fähigkeiten zum „selbstständigen Denken und Handeln" sowie Methoden- und Sozialkompetenz verlangt. Oberstes Ziel ist dabei die Förderung der beruflichen Handlungskompetenz.

Für die beiden schriftlichen Prüfungsfächer **Kundenbeziehungsprozesse** und **Wirtschafts- und Sozialkunde** wurden jeweils **fünf Probeklausuren** zusammengestellt. Grundlage der Zusammenstellung sind der AkA-Stoffkatalog, die Musterprüfung, die im Jahr 2015 veröffentlicht wurde, sowie die erste Originalprüfung Winter 2015/16. Auf dieser Grundlage wurde versucht, jede Klausur so zu gestalten, dass sie hinsichtlich der Art der Aufgabenstellungen, des Umfangs der Aufgaben und der Gewichtung der einzelnen Themenbereiche den Anforderungen der Abschlussprüfung entspricht. Die thematische Zusammensetzung der Abschlussprüfungsklausur wird für jedes Prüfungsfach im Detail dargestellt. Wie auch in den Kammerprüfungen liegt allen Probeklausuren ein **Modellunternehmen** zugrunde, auf das sich die Mehrzahl der Fragen bezieht. Es handelt sich dabei um die **BüKo GmbH**, ein Unternehmen, das Büromöbel herstellt und Büroeinrichtungs- und Kommunikationssysteme vertreibt. Die BüKo GmbH ist der Jana Loft KG, dem Musterunternehmen für die IHK-Abschlussprüfung, also sehr ähnlich.

Neben den **Lösungen** bzw. Lösungserläuterungen bietet das Buch auch eine genaue **Anleitung zur Auswertung der bearbeiteten Klausuren.** So lässt sich eine zehntelgenaue fiktive Abschlussnote ermitteln. Werden die Klausuren also durchgearbeitet und ausgewertet, ermöglicht dies eine **realistische** und exakte **Einschätzung des eigenen Leistungsstandes**.

Durch ein **ausführliches Sachwortverzeichnis**, das ein schnelles Auffinden der Aufgaben zu speziellen Einzelthemen ermöglicht, lässt sich das Buch auch zum gezielten Üben einzelner Themenbereiche sowie als Nachschlagewerk nutzen.

Verfasser und Verlag wünschen Ihnen nicht nur viel Freude und Erfolg beim Arbeiten mit diesem Buch, sondern auch die gewünschten Prüfungsergebnisse!

Bayreuth, im Sommer 2016

Michael Sieber

Inhaltsverzeichnis

Struktur der Prüfung

Prüfungsmodalitäten

Für den neuen Ausbildungsberuf „Kaufmann/-frau für Büromanagement" wurde eine **gestreckte Abschlussprüfung** eingeführt. Rechtliche Grundlage dafür ist die „Verordnung über die Berufsausbildung zum Kaufmann/zur Kauffrau für Büromanagement" bzw. die „Verordnung über die Berufsausbildung zum Kaufmann für Büromanagement/zur Kauffrau für Büromanagement" in Verbindung mit dem Berufsbildungsgesetz.

Teil 1 (Mitte des zweiten Ausbildungsjahres)

Prüfungsfach/ Prüfungsanforderungen	Dauer (in Min.)	Aufgabentyp	Gewichtung
Informationstechnisches Büromanagement Der Prüfling soll nachweisen, dass er • im Rahmen eines ganzheitlichen Arbeitsauftrags Büro- und Beschaffungsprozesse organisieren und kundenorientiert bearbeiten und • unter Anwendung von Textverarbeitung sowie Tabellenkalkulation recherchieren, dokumentieren und kalkulieren kann.	120	• Bearbeitung berufstypischer Aufgaben am PC • praktische Prüfung	25 %

Teil 2 (gegen Ende des dritten Ausbildungsjahres)

Prüfungsfach/ Prüfungsanforderungen	Dauer (in Min.)	Aufgabentyp	Gewichtung
Wirtschafts- und Sozialkunde Der Prüfling soll nachweisen, dass er allgemeine wirtschaftliche und gesellschaftliche Zusammenhänge der Berufs- und Arbeitswelt darstellen und beurteilen kann.	60	• schriftliche Prüfung • nur maschinell auswertbare Aufgaben (gebunden oder ungebunden)	10 %
Kundenbeziehungsprozesse Der Prüfling soll nachweisen, dass er • komplexe Arbeitsaufträge handlungsorientiert bearbeiten kann, • Aufträge kundenorientiert abwickeln kann, • personalbezogene Aufgaben wahrnehmen kann und • Instrumente der kaufmännischen Steuerung fallbezogen einsetzen kann.	150	• schriftliche Prüfung (berufstypische Aufgaben) • 90 Minuten ungebundene (offene) Aufgaben • 60 Minuten maschinell auswertbare Aufgaben (gebunden oder ungebunden)	30 %

Prüfungsfach/ Prüfungsanforderungen	Dauer (in Min.)	Aufgabentyp	Gewichtung
Fachaufgabe in der Wahlqualifikation Der Prüfling soll nachweisen, dass er • berufstypische Aufgabenstellungen erfassen, Probleme und Vorgehensweisen erörtern sowie Lösungswege entwickeln, begründen und reflektieren kann, • kunden- und serviceorientiert handeln kann, • betriebspraktische Aufgaben unter Berücksichtigung wirtschaftlicher, ökologischer und rechtlicher Zusammenhänge planen, durchführen und auswerten kann und • Kommunikations- und Kooperationsbedingungen berücksichtigen kann.	20	fallbezogenes Fachgespräch, eingeleitet durch eine Präsentation des Prüflings (mündlich) zwei Varianten für die Vorbereitung auf das Fachgespräch: • „Report"-Variante: Durchführung einer betrieblichen Fachaufgabe in beiden Wahlqualifikationen und Dokumentation in einem max. dreiseitigen Report oder • „klassische" Variante: Bearbeitung von Wahlaufgaben, die der Prüfungsausschuss stellt (20 Min. Einlesezeit)	35 %

Bewertung der Prüfungsleistungen

In jedem der vier Prüfungsfächer sind höchstens 100 Punkte zu erreichen. Dabei gilt der folgende **Notenschlüssel**:

100–92 Punkte	Note 1 (sehr gut)
unter 92–81 Punkte	Note 2 (gut)
unter 81–67 Punkte	Note 3 (befriedigend)
unter 67–50 Punkte	Note 4 (ausreichend)
unter 50–30 Punkte	Note 5 (mangelhaft)
unter 30–0 Punkte	Note 6 (ungenügend)

Die Abschlussprüfung ist bestanden, wenn die Leistungen

1. im Gesamtergebnis von Teil 1 und Teil 2 der Abschlussprüfung mit mindestens „ausreichend",

2. im Endergebnis von Teil 2 der Abschlussprüfung mit mindestens „ausreichend",

3. in mindestens zwei Prüfungsbereichen von Teil 2 der Abschlussprüfung mit mindestens „ausreichend" und

4. in keinem Prüfungsbereich der Abschlussprüfung von Teil 2 der Abschlussprüfung mit „ungenügend"

bewertet worden sind.

Auf Antrag des Prüflings ist die Prüfung in einem der mit schlechter als „ausreichend" bewerteten schriftlichen Prüfungsfächer durch eine mündliche Prüfung von etwa 15 Minuten zu ergänzen, wenn dies für das Bestehen der gesamten Prüfung den Ausschlag geben kann (**Ergänzungsprüfung**). Bei der Ermittlung des Ergebnisses für dieses Prüfungsfach sind das bisherige Ergebnis und das Ergebnis der mündlichen Ergänzungsprüfung im Verhältnis 2:1 zu gewichten.

Prüfungsfach Kundenbeziehungsprozesse

Im Prüfungsfach Kundenbeziehungsprozesse soll der Prüfling in einer 150-minütigen schriftlichen Prüfung nachweisen, dass er in der Lage ist, komplexe berufstypische Arbeitsaufträge handlungs- orientiert zu bearbeiten. Dabei soll er zeigen, dass er Aufträge kundenorientiert abwickeln, perso- nalbezogene Aufgaben wahrnehmen und Instrumente der kaufmännischen Steuerung fallbezogen einsetzen kann.

Der typische Prüfungsaufbau besteht aus drei Themenbereichen, die in unterschiedlichem Umfang abgeprüft werden.[1]

Inhalte/Themengebiete	Anteil in %
Kundenorientierte Auftragsabwicklung • Kundenbeziehungen, Kommunikation • Auftragsbearbeitung und -nachbereitung	ca. 35
Personalbezogene Aufgaben	ca. 30
Kaufmännische Steuerung (Rechnungswesen)	ca. 35
Information, Kommunikation, Kooperation	integrativ

Die schriftliche Prüfung gliedert sich i.d.R. in fünf Aufgaben, die insgesamt eine Mischung aus un- gebundenen und gebunden Aufgaben darstellen. Die Reihenfolge der Themen kann von Prüfung zu Prüfung variieren. Es ist auch denkbar, dass der Themenbereich „Personalbezogene Aufgaben" in zwei Einzelaufgaben abgeprüft wird. In diesem Fall besteht die Prüfung dann insgesamt aus sechs Aufgaben. Das Gesamtvolumen der Punkte und auch der Anteil der einzelnen Themenbereiche bleiben davon unberührt.

1. **Aufgabe:** Kundenbeziehungen, Kommunikation

2. **Aufgabe:** Auftragsbearbeitung und -nachbereitung

3. **Aufgabe:** Personalbezogene Aufgaben

4. **Aufgabe:** Kosten- und Leistungsrechnung/Controlling

5. **Aufgabe:** Buchführung

- **Kundenorientierte Auftragsabwicklung**
- **Personalbezogene Aufgaben**
- **Kaufmännische Steuerung und Kontrolle**

In den fünf Prüfungen dieses Buches wurden jeweils 100 Punkte vergeben. Bei 150 Minuten Ar- beitszeit bedeutet das, dass jeder Punkt 1,5 Minuten, also 90 Sekunden Arbeitszeit entspricht.

_____

[1] Quelle: Prüfungskatalog für die IHK-Abschlussprüfung, 1. Auflage 2015

Teil A: Prüfungen

Auszug aus dem Kontenplan der BüKo GmbH

Kontenklasse Anlagevermögen Immaterielle Vermögens- gegenstände und Sachanlagen	0

00 Ausstehende Einlagen

Immaterielle Vermögensgegenstände

02 Konzessionen, gewerbliche Schutzrechte, Lizenzen

03 Geschäfts- oder Firmenwert

Sachanlagen

05 Grundstücke, grundstücksgleiche Rechte und Bauten einschließlich der Bauten auf fremden Grundstücken
- 0500 Unbebaute Grundstücke
- 0510 Bebaute Grundstücke
- 0530 Betriebsgebäude
- 0540 Verwaltungsgebäude
- 0550 Andere Bauten
- 0560 Grundstückseinrichtungen
- 0570 Gebäudeeinrichtungen
- 0590 Wohngebäude

07 Technische Anlagen und Maschinen
- 0700 Technische Anlagen und Maschinen
- 0740 Anlagen für Arbeitssicherheit und Umweltschutz
- 0750 Transportanlagen und ähnliche Betriebsvorrichtungen
- 0760 Verpackungsanlagen und -maschinen
- 0770 Sonstige Anlagen und Maschinen
- 0790 Sammelposten Anlagen und Maschinen (Wirtschaftsgüter ab 150,00 € bis 1 000,00 €)

08 Andere Anlagen, Betriebs- und Geschäftsausstattung
- 0800 Andere Anlagen
- 0810 Werkstätteneinrichtung
- 0820 Werkzeuge, Werksgeräte und Modelle, Prüf- und Messmittel
- 0830 Lager- und Transporteinrichtungen
- 0840 Fuhrpark
- 0860 Büromaschinen, Organisationsmittel und Kommunikationsanlage
- 0870 Büromöbel und sonstige Geschäftsausstattung
- 0890 Sammelposten der Betriebs- und Geschäftsausstattung (Wirtschaftsgüter ab 150,00 € bis 1 000,00 €)

09 Geleistete Anzahlungen u. Anlag. im Bau
- 0900 Geleistete Anzahlungen auf Sachanlagen
- 0950 Anlagen im Bau

Kontenklasse Anlagevermögen Finanzanlagen	1

Finanzanlagen

10 Finanzanlagen

11 Anteile an verbundenen Unternehmen

12 Ausleihungen an verbundene Unternehmen

13 Beteiligungen
- 1300 Beteiligungen

15 Wertpapiere des Anlagevermögens
- 1500 Stammaktien
- 1590 Sonstige Wertpapiere

16 Sonstige Finanzanlagen

Kontenklasse Umlaufvermögen und aktive Rechnungsabgrenzung	2

Vorräte

20 Roh-, Hilfs- und Betriebsstoffe
- 2000 Rohstoffe/Fertigungsmaterial
- 2010 Vorprodukte/Fremdbauteile
- 2020 Hilfsstoffe
- 2030 Betriebsstoffe
- 2040 Verpackungsmaterial
- 2070 Sonstiges Material

21 Unfert. Erzeugnisse, unfert. Leistungen
- 2100 Unfertige Erzeugnisse
- 2190 Unfertige Leistungen

22 Fertige Erzeugnisse und Waren
- 2200 Fertige Erzeugnisse
- 2280 Waren (Handelswaren)

23 Geleistete Anzahlungen auf Vorräte
- 2300 Geleistete Anzahlungen

Forderungen und Sonstige Vermögensgegenstände

24 Forderungen aus LL.
- 2401 Hans Hase OHG, Hamburg
- 2402 Leuchter GmbH, Nürnberg
- 2403 Küchenland GmbH, Nürnberg
- 2404 Lux KG, München
- 2405 Meier & Partner KG, Frankfurt
- 2406 Lumen GmbH, Würzburg
- 2407 Elektrogroßhandel Sommer, Bielefeld
- 2408 Küchenmeister GmbH, Köln
- 2470 Zweifelhafte Forderungen
- 2499 Sonstige Kunden

26 Sonstige Vermögensgegenstände
- 2600 Vorsteuer (voller Steuersatz)
- 2610 Vorsteuer (ermäßigter Steuersatz)
- 2630 Sonstige Forderungen an Finanzbehörden
- 2640 SV-Beitragsvorauszahlung
- 2650 Forderungen an Mitarbeiter
- 2690 Sonstige Forderungen (Jahresabgrenzung)

27 Wertpapiere des Umlaufvermögens
- 2700 Wertpapiere des Umlaufvermögens

28 Flüssige Mittel
- 2800 Guthaben bei Kreditinstituten (Bank)
- 2850 Postbankguthaben
- 2860 Schecks
- 2880 Kasse
- 2890 Nebenkassen

29 Aktive Rechnungsabgrenzung (ARA)
- 2900 Aktive Jahresabgrenzung

Kontenklasse Eigenkapital und Rückstellungen	3

Eigenkapital

30 Eigenkapital bei Personengesellschaften
- 3000 Kapital
- 3001 Privatkonto
- 3070 Kommanditkapital
- 3080 Kommanditkapital

31 Kapitalrücklage

Kontenklasse Eigenkapital und Rückstellungen	3

32 Gewinnrücklagen
- 3210 Gesetzliche Rücklagen
- 3230 Satzungsmäßige Rücklagen
- 3240 Andere Gewinnrücklagen

33 Ergebnisverwendung

34 Jahresüberschuss/Jahresfehlbetrag

36 Wertberichtigungen

Rückstellungen

37 Rückstellungen für Pensionen und ähnliche Verpflichtungen
- 3700 Rückstellungen für Pensionen und ähnliche Verpflichtungen

38 Steuerrückstellungen
- 3800 Steuerrückstellungen

39 Sonstige Rückstellungen
- 3910 - für Gewährleistungen
- 3920 - für Rechts- und Beratungskosten
- 3930 - für andere ungewisse Verbindlichkeiten
- 3990 - für andere Aufwendungen

Kontenklasse Verbindlichkeiten und passive Rechnungsabgrenzung	4

Verbindlichkeiten

41 Anleihen

42 Verbindlichkeiten gegenüber Kreditinstituten
- 4200 Kurzfristige Bankverbindlichkeiten
- 4250 Langfristige Bankverbindlichkeiten

43 Erhaltene Anzahlungen auf Bestellungen
- 4300 Erhaltene Anzahlungen auf Bestellungen

44 Verbindlichkeiten aus LL.
- 4401 Spedition Oli Phant, Hannover
- 4402 CompTech GmbH, Hannover
- 4403 Lichttechnik GmbH, Nürnberg
- 4404 Nanno Druck Bert Wenzel e.K., Seelze
- 4405 Bürobedarf Ulrich GmbH, Hannover
- 4406 Wiedemann e.K., Bayreuth
- 4407 Karl Krux KG, Kulmbach
- 4408 Fränkische Holzhandelsgesellschaft, Nürnberg
- 4409 Vera Stürmer KG, Aschaffenburg
- 4499 Sonstige Lieferanten und Dienstleister

45 Wechselverbindlichkeiten
- 4550 Schuldwechsel

48 Sonstige Verbindlichkeiten
- 4800 Umsatzsteuer (voller Steuersatz)
- 4810 Umsatzsteuer (ermäßigter Steuersatz)
- 4830 Verbindlichkeiten gegenüber Finanzbehörden
- 4840 Verbindlichkeiten gegenüber Sozialversicherungsträgern
- 4850 Verbindlichkeiten gegenüber Mitarbeitern
- 4860 Verbindlichkeiten aus vermögenswirksamen Leistungen
- 4870 Verbindlichkeiten gegenüber Gesellschaftern
- 4880 Sonstige Steuerverbindlichkeiten
- 4890 Sonstige Verbindlichkeiten (Jahresabgrenzung)

49 Passive Rechnungsabgrenzung (PRA)
- 4900 Passive Rechnungsabgrenzung

Kontenklasse 5

Umsatzerlöse und sonstige Erträge

50 Umsatzerlöse für eigene Erzeugnisse und andere Leistungen
- 5000 Umsatzerlöse für eigene Erzeugnisse
- 5001 Erlösberichtigungen

51 Umsatzerlöse für Handelswaren
- 5100 Umsatzerlöse für Handelswaren
- 5101 Erlösberichtigungen

52 Erhöhung oder Verminderung des Bestandes an Unfertigen/Fertigen Erzeugnissen und Handelswaren
- 5200 Bestandsveränderungen
  - 5201 Bestandsveränderungen an Unfertigen Erzeugnissen
  - 5202 Bestandsveränderung an Fertigen Erzeugnissen
  - 5203 Bestandsveränderungen an Handelswaren

53 Andere aktivierte Eigenleistungen

54 Sonstige betriebliche Erträge
- 5400 Nebenerlöse
  - 5401 - aus Vermietung und Verpachtung
  - 5403 - aus Werksküche und Kantine
  - 5409 Sonstige Nebenerlöse
- 5410 Sonstige Erlöse
  - 5411 Provisionserlöse
  - 5412 Lizenzerlöse
- 5420 Entnahme (Eigenverbrauch)
  - 5421 Entnahme von Gegenständen
  - 5422 Entnahme von sonstigen Leistungen
- 5460 Erträge aus dem Abgang von Vermögensgegenständen (Nettoerlös: Erlös – Buchwert)
- 5480 Erträge aus der Auflösung von Rückstellungen
- 5490 Periodenfremde Erträge

55 Erträge aus Beteiligungen

56 Erträge aus anderen Finanzanlagen

57 Sonstige Zinsen und ähnliche Erträge
- 5710 Zinserträge
- 5730 Diskonterträge
- 5780 Erträge aus Wertpapieren des Umlaufvermögens
- 5790 Sonstige zinsähnliche Erträge

58 Außerordentliche Erträge

Kontenklasse 8

Ergebnisrechnungen

80 Eröffnung/Abschluss
- 8000 Eröffnungsbilanzkonto (EBK)
- 8010 Schlussbilanzkonto (SBK)
- 8020 Gewinn- und Verlustkonto (GuV)

Kontenklasse 9

Kosten- und Leistungsrechnung

In der Praxis wird die Kosten- und Leistungsrechnung gewöhnlich tabellarisch durchgeführt.

Kontenklasse 6

Betriebliche Aufwendungen

Materialaufwand

60 Aufwendungen für Roh-, Hilfs- und Betriebsstoffe und für bezogene Waren
- 6000 Aufwendungen für Rohstoffe/Fertigungsmaterial
  - 6001 Bezugskosten
  - 6002 Nachlässe
- 6010 Aufwendungen für Vorprodukte/Fremdbauteile
  - 6011 Bezugskosten
  - 6012 Nachlässe
- 6020 Aufwendungen für Hilfsstoffe
  - 6021 Bezugskosten
  - 6022 Nachlässe
- 6030 Aufwendungen für Betriebsstoffe
  - 6031 Bezugskosten
  - 6032 Nachlässe
- 6040 Aufwendungen für Verpackungsmaterial
  - 6041 Bezugskosten
  - 6042 Nachlässe
- 6050 Aufwendungen für Energie
- 6060 Aufwendungen für Reparaturmaterial
- 6070 Aufwendungen für sonstiges Material
- 6080 Aufwendungen für (Handels-) Waren
  - 6081 Bezugskosten
  - 6082 Nachlässe

61 Aufwendungen für bezogene Leistungen
- 6100 Fremdleistungen für Erzeugnisse und andere Umsatzleistungen
- 6140 Ausgangsfrachten und Nebenkosten (Fremdlager)
- 6150 Vertriebsprovision
- 6160 Fremdinstandhaltung
- 6170 Sonstige Aufwendungen für bezogene Leistungen

Personalaufwand

62 Löhne
- 6200 Löhne
- 6220 Sonstige tarifliche oder vertragliche Aufwendungen
- 6230 Freiwillige Zuwendungen
- 6250 Sachbezüge

63 Gehälter
- 6300 Gehälter
- 6320 Sonstige tarifliche oder vertragliche Aufwendungen
- 6330 Freiwillige Zuwendungen
- 6350 Sachbezüge

64 Soziale Abgaben und Aufwendungen für Altersversorgung und für Unterstützung
- 6400 Arbeitgeberanteil zur Sozialversicherung (Lohnbereich)
- 6410 Arbeitgeberanteil zur Sozialversicherung (Gehaltsbereich)
- 6420 Beiträge zur Berufsgenossenschaft
- 6440 Aufwendungen für Altersversorgung
- 6490 Aufwendungen für Unterstützung

Abschreibungen auf Anlagevermögen

65 Abschreibungen
- 6510 Abschreibung auf immaterielle Vermögensgegenstände des Anlagevermögens
- 6520 Abschreibungen auf Sachanlagen
- 6540 Abschreibungen auf Sammelposten (Wirtschaftsgüter ab 150,00 € bis 1 000,00 €)
- 6550 Außerplanmäßige Abschreibungen auf Sachanlagen

Sonstige betriebliche Aufwendungen

66 Sonstige Personalaufwendungen
- 6600 Aufwendungen für Personaleinstellung
- 6610 Aufwendungen für Fahrtkosten
- 6640 Aufwendungen für Fort- und Weiterbildung
- 6650 Aufwendungen für Dienstjubiläen
- 6660 Aufwendungen für Belegschaftsveranstaltungen
- 6670 Aufwendungen für Werksküche und Sozialeinrichtungen
- 6690 Sonstige Personalaufwendungen

Kontenklasse 6

Betriebliche Aufwendungen

67 Aufwendungen für die Inanspruchnahme von Rechten und Diensten
- 6700 Mieten, Pachten
- 6710 Leasing
- 6720 Lizenzen und Konzessionen
- 6730 Gebühren
- 6750 Kosten des Geldverkehrs
- 6760 Provisionsaufwendungen (außer Vertriebsprovision)
- 6770 Rechts- und Beratungskosten

68 Aufwendungen für Kommunikation (Dokumentation, Information u. Reisen)
- 6800 Büromaterial
- 6810 Zeitungen und Fachliteratur
- 6820 Post, Telefon
- 6821 Postgebühren
- 6822 Telefon
- 6850 Reisekosten
- 6860 Bewirtung und Präsentation
- 6870 Werbung
- 6880 Spenden
- 6890 Sonstige Aufwendungen für Kommunikation

69 Aufwendungen für Beiträge und Sonstiges sowie Wertkorrekturen und periodenfremde Aufwendungen
- 6900 Versicherungsbeiträge
- 6920 Beiträge zu Wirtschaftsverbänden und Berufsvertretung
- 6930 Verluste aus Schadensfällen
- 6950 Abschreibungen auf Forderungen
- 6951 Abschreibungen auf Forderungen
- 6960 Verluste aus dem Abgang von Vermögensgegenständen
- 6990 Periodenfremde Aufwendungen

Kontenklasse 7

Weitere Aufwendungen

70 Betriebliche Steuern
- 7020 Grundsteuer
- 7030 Kraftfahrzeugsteuer
- 7070 Ausfuhrzölle
- 7080 Verbrauchsteuer
- 7090 Sonstige betriebliche Steuern

74 Abschreibungen auf Finanzanlagen und auf Wertpapiere des Umlaufvermögens
- 7400 Abschreibungen auf Finanzanlagen
- 7410 Abschreibungen auf Wertpapiere des Umlaufvermögens
- 7450 Verluste aus dem Abgang von Finanzanlagen
- 7460 Verluste aus dem Abgang von Wertpapieren des Umlaufvermögens

75 Zinsen und ähnliche Aufwendungen
- 7510 Zinsaufwendungen
- 7530 Diskontaufwendungen
- 7590 Sonstige zinsähnliche Aufwendungen

76 Außerordentliche Aufwendungen
- 7600 Außerordentliche Aufwendungen

77 Steuern vom Einkommen und Ertrag
- 7700 Gewerbesteuer
- 7710 Körperschaftsteuer (bei Kapitalgesellschaften)
- 7720 Kapitalertragsteuer (bei Kapitalgesellschaften)

1. Prüfung

Sie sind Mitarbeiter/-in in der BüKo GmbH (siehe nachfolgende Unternehmensbeschreibung).

Beschreibung des Unternehmens

Firma	BüKo GmbH, Büroeinrichtungs- und Kommunikationssysteme
Geschäftszweck	Herstellung und Vertrieb von Büroeinrichtungs- und Kommunikationssystemen
Geschäftssitz	Ludwig-Thoma-Str. 47, 95447 Bayreuth
Registergericht	Amtsgericht Bayreuth HR B 345-0815 USt-IdNr.: DE999666333 Die BüKo GmbH ist Mitglied des Arbeitgeberverbands. Der Tarifvertrag findet Anwendung.
Geschäftsjahr	1. Januar bis 31. Dezember
Bankverbindungen	Sparkasse Bayreuth BIC BYLADEM1SBT IBAN DE29 7735 0110 0001 5427 53 Postbank Nürnberg BIC PBNKDEFFXXX IBAN DE58 7601 0085 0013 4616 46
Produktprogramm (eigene Erzeugnisse)	• Konferenztische • Konferenzstühle • Besucherstühle • Bürostühle • Regalsysteme
Dienstleistungen	• Lieferung und Montage von Büromöbeln • Entsorgung von Altmöbeln
Handelswaren	• Warengruppe 1: Bürotechnik • Warengruppe 2: Büroeinrichtung • Warengruppe 3: Verbrauch • Warengruppe 4: Organisation
Fertigungsverfahren	Einzel- und Serienfertigung
Stoffe/Vorprodukte	• Rohstoffe: Holz, Furniere, Möbelbezugsstoffe, Scharniere • Hilfsstoffe: Lacke, Klebstoffe, Schrauben, Nägel • Betriebsstoffe: Strom, Gas, Wasser, Heizöl, Schmierstoffe • Vorprodukte: Türschlösser, Türknöpfe • Energie: Strom, Gas
Mitarbeiter	• Angestellte: 42 • Arbeiter: 98 • Auszubildende: 8 Ein Betriebsrat und eine Jugend- und Auszubildendenvertretung sind eingerichtet.

Bitte beachten Sie folgende Hinweise:
- In den Kontierungsaufgaben sind ausschließlich die vierstelligen Kontennummern aus dem beigefügten Auszug des Kontenplans der BüKo GmbH zu verwenden (→ Seiten 9–10).
- Werden Unterkonten im Kontenplan genannt, so ist auf diese Unterkonten zu buchen.
- Wenn nichts anderes vorgegeben ist, ist grundsätzlich aufwandsrechnerisch und netto zu buchen.

Aufgaben

15 Punkte

Aufgabe 1: Kundenbeziehungen, Kommunikation

Situation zu den Aufgaben 1.1 bis 1.2

Als Mitarbeiter/-in der BüKo GmbH sind Sie derzeit im Callcenter eingesetzt. Dort haben Sie die Aufgabe, eingehende Kundenanrufe kundenorientiert abzuwickeln. Die Gespräche werden zu Trainingszwecken punktuell aufgezeichnet.

3 Punkte

1.1 Sie werden mit den folgenden drei Aussagen konfrontiert, die Sie in unterschiedlichen Kundengesprächen getätigt haben. Suchen Sie jeweils nach einer kundenorientierten Alternativformulierung.

Aussage	Kundenorientierte Alternative
„Ich kann Ihnen da nicht weiterhelfen."	
„Das fällt nicht in meinen Zuständigkeitsbereich."	
„Das habe ich Ihnen doch gerade ausführlich erklärt."	

8 Punkte

1.2 Ein Kunde äußert sich am Telefon wie folgt: „Bisher habe ich immer nur einen Rabatt von 5 % bekommen. Sie sehen ja an meinen Bestellungen, dass ich ein guter Kunde bin." Analysieren Sie diese Aussage nach dem „Vier-Seiten-Modell" von Schulz von Thun.

1 Punkt

1.3 Die BüKo GmbH plant, den Umgang mit Kundenbeschwerden zu professionalisieren. Erläutern Sie ein Argument, das dafür spricht, ein Beschwerdemanagement einzuführen.

3 Punkte

1.4 Für die Entwicklung einer neuen Marketingstrategie wird in der BüKo GmbH ein Projektteam gebildet. Nennen Sie drei Vorteile, die die Arbeit im Team für die Lösung dieser Aufgabenstellung bringt.

20 Punkte

Aufgabe 2: Auftragsbearbeitung und -nachbereitung

Situation zu den Aufgaben 2.1 bis 2.6

Sie sind im Verkauf der BüKo GmbH tätig und erhalten die folgende E-Mail zur Bearbeitung.

Von: tobias.hausmann@skg.de
An: info@bueko.de
Datum: 02.06.20..
Betreff: Lieferungsverzug Schreibtischstühle

Sehr geehrte Damen und Herren,

wir hatten bei Ihnen am 13. Mai dieses Jahres fünf Schreibtischstühle mit der Artikel-Nr. 3562967 bestellt. Als gewünschten Liefertermin hatten wir Ende Mai angegeben. In Ihrer Auftragsbestätigung vom 18. Mai haben Sie uns den Liefertermin Ende Mai bestätigt. Leider ist die Lieferung bei uns bis heute noch nicht eingetroffen.

Da wir die Schreibtischstühle dringend benötigen, haben wir heute einen Deckungs-kauf bei einem anderen Anbieter vorgenommen. Wir haben daher kein Interesse mehr an der Abwicklung des Kaufvertrags und treten hiermit vom Kaufvertrag zurück.

Da wir die Ware bei dem Deckungskauf zu einem günstigeren Preis erhalten haben als in Ihrem ursprünglichen Angebot, verzichten wir darauf, Schadenersatzansprüche geltend zu machen.

Mit freundlichen Grüßen
Tobias Hausmann
SKG GmbH & Co. KG

2.1 Erläutern Sie zwei Aspekte, die Sie klären müssen, bevor Sie die E-Mail kompetent beantworten können.

`2 Punkte`

2.2 Im vorliegenden Fall hat die BüKo GmbH die Bestellung mit einer Auftragsbestätigung beantwortet. Dadurch ist ein Kaufvertrag zustande gekommen. Nennen Sie zwei weitere Möglichkeiten, wie ein Kaufvertrag zustande kommen könnte.

`1 Punkt`

`4 Punkte`

2.3 Erläutern Sie, ob im vorliegenden Fall ein Lieferungsverzug vorliegt.

2.4 Legen Sie dar, ob die in der E-Mail aufgeführte Reaktion der SKG GmbH & Co. KG den gesetzlichen Vorschriften entspricht.

`2 Punkte`

2.5 Die Bürostühle konnten aufgrund eines Unfalls eines Fahrers der BüKo GmbH nicht rechtzeitig ausgeliefert werden. Sie stehen im Lager und könnten schon morgen an die SKG GmbH & Co. KG ausgeliefert werden.
Wie verhalten Sie sich dem Kunden gegenüber? Begründen Sie Ihre Entscheidung.

`3 Punkte`

2.6 Erläutern Sie die Rechte, die der SKG GmbH & Co. KG aus einem Lieferungsverzug grundsätzlich zustehen.

`4 Punkte`

2.7 Die BüKo GmbH erhält von einem langjährigen Lieferanten Ware geliefert, die in ihrer Qualität mangelhaft ist.
Welche der folgenden Aussagen zur mangelhaften Lieferung ist richtig?

`1 Punkt`

(1) Festgestellte Mängel müssen unverzüglich nach Entdeckung in schriftlicher Form gerügt werden.

(2) Wenn der Lieferer mengenmäßig mehr liefert, als bestellt wurde, und der Käufer dies zwar feststellte, aber nicht rügte, kann der Lieferer nur den Kaufpreis für die bestellte Menge berechnen.

(3) Festgestellte Mängel müssen unverzüglich nach Entdeckung gerügt werden.

(4) Vom Lieferer arglistig verschwiegene Mängel müssen innerhalb der Gewährleistungspflicht gerügt werden.

(5) Eingegangene Waren müssen innerhalb der Gewährleistungspflicht auf offene Mängel überprüft werden.

1 Punkt

2.8 Die BüKo GmbH arbeitet schon seit vielen Jahren mit einem EDV-gestützten Warenwirtschaftssystem. Welchen Vorteil bietet die Nutzung dieses Systems?

(1) Die Warenumschlagshäufigkeit der Waren erhöht sich.

(2) Die durchschnittliche Lagerdauer der Artikel verkürzt sich.

(3) Die aktuellen Lagerbestände können jederzeit direkt abgerufen und ausgewertet werden.

(4) Es ist kein Reservelager mehr notwendig.

(5) Es können dadurch keine Differenzen zu den tatsächlichen Lagerbeständen mehr auftreten.

2.9 Der Einkaufspreis einer Ware beträgt 135,00 €. Der Großhändler belastet die BüKo GmbH mit 7,50 € Bezugskosten.

1 Punkt

Wie viel Prozent beträgt der Handlungskostenzuschlag, wenn der Artikel mit 5 % Gewinn zu 179,55 € angeboten werden soll?

2.10 Wie viel Euro beträgt der Bezugspreis bei folgendem Angebot?

1 Punkt

Menge 3 000 Stück, Preis pro 100 Stück 1 100,00 €, Mengenrabatt bei Abnahme von 3 000 Stück 10 %, Skonto 2 %, Bezugskosten pro 1 000 Stück 48,00 €

29 Punkte

Aufgabe 3: Personalbezogene Aufgaben

Situation zu den Aufgaben 3.1 bis 3.5

Als Mitarbeiter/-in im Bereich Personalwesen der BüKo GmbH sind Sie u. a. für die Personalbeschaffung zuständig. Aktuell sind Sie wegen der überraschenden Kündigung der in der Einkaufsabteilung beschäftigten Sachbearbeiterin Annette Hennermann (siehe unten stehende Abbildung) damit beschäftigt, deren Stelle zum 01.10. d. J. neu zu besetzen. Sie hatten zu diesem Zweck Anzeigen im „Nordbayerischen Kurier" und in den „Nürnberger Nachrichten" geschaltet. Von den daraufhin eingegangenen 29 Bewerbungen haben Sie sechs in die nähere Wahl genommen und wollen mit diesen Interessenten ein ganztägiges Assessment-Center durchführen.

© Bildungsverlag EINS GmbH

Annette Hennermann — Badstraße 32 — 95448 Bayreuth

BüKo GmbH
Ludwig-Thoma-Str. 47
95447 Bayreuth

Eingegangen am
16. März 20..
BüKo GmbH

Bayreuth, 15.03.20..

Kündigung

Sehr geehrte Damen und Herren,

hiermit kündige ich mein Arbeitsverhältnis zum nächstmöglichen Termin.

Mit freundlichen Grüßen

Annette Hennermann

3.1 Frau Hennermann war zum Zeitpunkt ihrer Kündigung 39 Jahre alt und seit zehn Jahren bei der BüKo GmbH beschäftigt. Für ihr Ausscheiden ist die nachstehend abgedruckte gesetzliche Kündigungsregelung anzuwenden.

Bestimmen Sie den letzten Tag des Arbeitsverhältnisses von Frau Hennermann.

1 Punkt

Auszug aus dem BGB:

§ 622 Kündigungsfristen bei Arbeitsverhältnissen

(1) Das Arbeitsverhältnis eines Arbeiters oder eines Angestellten (Arbeitnehmers) kann mit einer Frist von vier Wochen zum Fünfzehnten oder zum Ende eines Kalendermonats gekündigt werden.

(2) Für eine Kündigung durch den Arbeitgeber beträgt die Kündigungsfrist, wenn das Arbeitsverhältnis in dem Betrieb oder Unternehmen
1. zwei Jahre bestanden hat, einen Monat zum Ende eines Kalendermonats,
2. fünf Jahre bestanden hat, zwei Monate zum Ende eines Kalendermonats,
3. acht Jahre bestanden hat, drei Monate zum Ende eines Kalendermonats,
4. zehn Jahre bestanden hat, vier Monate zum Ende eines Kalendermonats,
5. zwölf Jahre bestanden hat, fünf Monate zum Ende eines Kalendermonats,
6. 15 Jahre bestanden hat, sechs Monate zum Ende eines Kalendermonats,
7. 20 Jahre bestanden hat, sieben Monate zum Ende eines Kalendermonats.

3.2 Nach Abstimmung mit dem Betriebsrat kann die Stelle von Frau Hennermann gleich extern ausgeschrieben werden. Erläutern Sie zwei Vorteile und zwei Nachteile einer externen Stellenbesetzung im Vergleich zur internen aus der Sicht der BüKo GmbH.

4 Punkte

3.3 Nach einer Vorauswahl aufgrund der schriftlichen Bewerbungsunterlagen soll als letztes Auswahlverfahren ein Assessment-Center eingesetzt werden.

3 Punkte

Erklären Sie dieses Verfahren und begründen Sie zwei für dieses Verfahren besonders geeignete stellenbezogene Übungen.

3.4 Die Geschäftsleitung der BüKo GmbH plant, in nächster Zeit ein neues Beurteilungssystem einzuführen. In Zusammenarbeit mit dem Betriebsrat sollen die Beurteilungskriterien konkretisiert werden.

6 Punkte

Nennen Sie sechs mögliche Beurteilungskriterien.

4 Punkte

3.5 Erläutern Sie vier Vorteile, die eine regelmäßige Beurteilung aus Sicht der BüKo GmbH haben kann.

Situation zu den Aufgaben 3.6 und 3.7

In der BüKo GmbH ist die Funktion des Datenschutzbeauftragten intern ausgeschrieben.

2 Punkte

3.6 Unter welcher Voraussetzung benötigt die BüKo GmbH einen eigenen Datenschutzbeauftragten?

4 Punkte

3.7 Erläutern Sie die Aufgabe und die Rechtsstellung eines Datenschutzbeauftragten der BüKo GmbH.

3 Punkte

3.8 Ordnen Sie zu, indem Sie die eingerahmten Kennziffern von drei der insgesamt sechs Steuerklassen in die Kästchen bei den Arbeitsverhältnissen eintragen.

Steuerklasse:

(1) Steuerklasse I

(2) Steuerklasse II

(3) Steuerklasse III

(4) Steuerklasse IV

(5) Steuerklasse V

(6) Steuerklasse VI

Arbeitsverhältnis:

a) ledige, geschiedene und verwitwete Arbeitnehmer ohne Kind ☐

b) verheiratete Arbeitnehmer mit einem Arbeitsverhältnis, wenn der Ehegatte keinen Arbeitslohn bezieht ☐

c) für jedes zweite und weitere gleichzeitig bestehende Dienstverhältnisse des Arbeitnehmers ☐

3.9 Welche Tatbestände bzw. Merkmale werden bei der Berechnung des monatlichen Lohnsteuerabzuges berücksichtigt?

1 Punkt

(1) die Beiträge und sonstigen Abgaben an die Sozialversicherungsträger

(2) die Höhe des Nettoeinkommens

(3) die Dauer der Betriebszugehörigkeit

(4) der Familienstand und die Höhe des Einkommens

(5) die Stellung im Betrieb und Unternehmen in ausführender oder leitender Funktion

3.10 Welche der folgenden Abgaben wird vom Arbeitnehmer allein getragen?

1 Punkt

(1) Arbeitslosenversicherungsbeitrag

(2) Rentenversicherungsbeitrag

(3) Lohnsteuer

(4) Beitrag zur gesetzlichen Krankenkasse

(5) Unfallversicherungsbeitrag

Aufgabe 4: Kaufmännische Steuerung und Kontrolle (Kosten- und Leistungsrechnung/ Controlling)

16 Punkte

Situation zu den Aufgaben 4.1 bis 4.3

Die Firma Hartl & Partner OHG, ein Geschäftspartner der BüKo GmbH, weist folgende Zahlen am Ende des laufenden Geschäftsjahres aus:
- Kosten: 1 345 655,35 €, neutrale Aufwendungen: 577 878,33 €
- Leistungen: 1 228 938,40 €, neutrale Erträge: 628 500,11 €

2 Punkte

4.1 Berechnen Sie das Gesamtergebnis.

2 Punkte

4.2 Berechnen Sie das Betriebsergebnis.

2 Punkte

4.3 Berechnen Sie das neutrale Ergebnis.

4.4 Welche der folgenden Kosten der BüKo GmbH gehört zu den „kalkulatorischen Kosten"?

1 Punkt

(1) Eingangsfrachten

(2) Ausgangsfrachten

(3) Mietwert der eigenen Geschäftsräume

(4) Aufwendungen für Rohstoffe

(5) Privatverbrauch von Waren

1 Punkt

4.5 Die BüKo GmbH muss monatlich einen bestimmten Betrag für ihre Lagermiete aufbringen. Um welche Kostenart handelt es sich?

(1) proportionale Kosten

(2) Einzelkosten

(3) neutrale Kosten

(4) degressive Kosten

(5) fixe Kosten

2 Punkte

4.6 Welche **zwei** der folgenden Aussagen zum Betriebsabrechnungsbogen (BAB) sind zutreffend?

(1) Im BAB werden ausschließlich direkt zurechenbare Gemeinkosten aufgeführt.

(2) Im BAB werden ausschließlich indirekte Gemeinkosten verarbeitet.

(3) Der Anstieg der Materialgemeinkosten kann auf den Anstieg der Rohstoffpreise zurückzuführen sein.

(4) Die in der Fertigung gezahlten Gehälter sind den Verwaltungsgemeinkosten zuzuordnen.

(5) Die Fertigungsgemeinkosten beinhalten auch die für die Fertigungsmaschinen gezahlte Vorsteuer.

(6) Der BAB dient der Ermittlung der Zuschlagssätze für die Preiskalkulation.

(7) Die Vertriebsgemeinkosten nehmen zu, wenn die Rohstoffkosten steigen.

Situation zu den Aufgaben 4.7 bis 4.9

Über die Strobel OHG, ein Konkurrenzunternehmen der BüKo GmbH, liegen folgende Zahlen vor:
- Umsatzerlöse: 60 Mio. €
- Aufwendungen: 59 Mio. €
- Fremdkapitalzinssatz: 8 %
- Eigenkapital: 5 Mio. €
- Fremdkapital: 25 Mio. €

2 Punkte

4.7 Wie viel Prozent beträgt die Gesamtkapitalrentabilität?

2 Punkte

4.8 Wie viel Prozent beträgt die Eigenkapitalrentabilität?

2 Punkte

4.9 Wie viel Prozent beträgt die Umsatzrentabilität?

Aufgabe 5: Kaufmännische Steuerung und Kontrolle (Buchführung)

20 Punkte

Hinweis: Verwenden Sie zur Bearbeitung der Aufgabe den Kontenplan auf den Seiten 9–10.

Situation zu den Aufgaben 5.1 bis 5.4

Die bei einem Lieferanten in Nürnberg bestellten Bürotischleuchten sind eingetroffen. Der Warensendung ist die abgebildete Eingangsrechnung beigefügt. Sie sind in der Abteilung Rechnungswesen beschäftigt und für die Bearbeitung des Geschäftsfalls zuständig.

Beleg zu den Aufgaben 5.1 bis 5.4

Lichttechnik GmbH

Austraße 18
90429 Nürnberg

Telefon: 0911 684138-0
Telefax: 0911 684138-210

Lichttechnik GmbH – Austraße 18 – 90429 Nürnberg

BüKo GmbH
Ludwig-Thoma-Straße 47
95447 Bayreuth

Eingegangen am
10. November 20..
BüKo GmbH

Rechnung

Rechnungs-Nummer 911368	Kunden-Nr. 24307	Rechnungsdatum 16.11.20..
Ihre Auftrags-Nummer 88389	Ihr Auftragsdatum 30.10.20..	Unsere Lieferung vom 06.11.20..

Pos.	Artikelnummer	Artikelbezeichnung	Stück	Einzelpreis €	Gesamtpreis €
1	512560	Bürotischleuchte	700	25,50	17 850,00
		Verpackungspauschale			150,00
				Nettobetrag	18 000,00
				+ 19 % Umsatzsteuer	3 420,00
				Rechnungsbetrag brutto	21 420,00

Bei Zahlung innerhalb von zehn Tagen ab Rechnungsdatum mit 2 % Skonto, innerhalb von 30 Tagen netto

USt-IdNr.: DE765287986, Steuer-Nr.: 897/211/38965

Bankverbindung: Sparkasse Nürnberg, IBAN DE68 7605 0101 0101 1125 64

2 Punkte

5.1 Wie müssen Sie die Eingangsrechnung (Re.-Nr. 911368) kontieren? Tragen Sie die zutreffenden Kontennummern in die Kästchen ein.

Soll | | | | | | | | **Haben**

2 Punkte

5.2 Sie bezahlen die Eingangsrechnung der Lichttechnik GmbH per Verrechnungsscheck. Bringen Sie die folgenden Schritte bei der Scheckzahlung in die richtige Reihenfolge, indem Sie die Ziffern 1 bis 5 in die Kästchen eintragen.

a) Die Bank schreibt den Scheckbetrag dem Konto der Lichttechnik GmbH gut. Das Konto der BüKo GmbH wird mit dem Scheckbetrag belastet.

b) Die Lichttechnik GmbH reicht den Scheck bei ihrer Bank zur Einlösung ein.

c) Sie stellen den Verrechnungsscheck aus.

d) Sie senden den Scheck an die Lichttechnik GmbH.

e) Die BüKo GmbH wird über die Einlösung durch Kontoauszug benachrichtigt.

1 Punkt

5.3 Warum bezahlen Sie die Eingangsrechnung innerhalb der Skontofrist?

(1) Dies führt zu einem Skontoertrag in Höhe von 350,00 €.

(2) Der gewährte Skontosatz von 2 % entspricht einem Jahresumsatz von ca. 24 %.

(3) Der gewährte Skontosatz von 2 % entspricht einem Jahresumsatz von ca. 36 %.

(4) Der gewährte Skontosatz von 2 % entspricht einem Jahresumsatz von ca. 90 %.

(5) Der Überweisungsbetrag bei Abzug von Skonto beträgt 21 845,00 €.

2 Punkte

5.4 Die Selbstkosten der Bürotischleuchten pro Stück betragen 35,00 €. Für einen Einzelauftrag sollen Sie den Angebotspreis ermitteln. Wie hoch ist der Nettoverkaufspreis, wenn 20 % Gewinn und 20 % Kundenrabatt zu berücksichtigen sind?

Situation zur Aufgabe 5.5 bis 5.8

Am vergangenen Wochenende wurde ein Stadtteilfest ausgerichtet, an dem sich die BüKo GmbH mit einem Messestand beteiligte. 3 000 Informationsbroschüren und Poster wurden kostenlos verteilt. Zusätzlich wurden Sonderanfertigungen von – als Handelswaren vertriebenen – Zwiebelhackern, die mit dem Logo der BüKo GmbH versehen sind, zum Sonderpreis von 9,00 € je Stück bar verkauft. Hierfür waren bereits im März 250 Stück eingekauft und gebucht worden.

Nanno Druck Bert Wenzel e.K.

Burgstr. 16
30926 Seelze

Nanno Druck Bert Wenzel e.K. – Burgstr. 16 – 30926 Seelze

BüKo GmbH
Ludwig-Thoma-Str. 47
95447 Bayreuth

Tel.   0511 5146-0
Telefax 0511 5147-34

Amtsgericht Hannover HRA 6437

Eingegangen am
8. Mai 20..
BüKo GmbH

Lieferschein/Rechnung

Rechnungs-Nummer 12-00-06	Kunden-Nr. 182726	Rechnungsdatum 04.05.20..
Ihre Auftrags-Nummer zi. 123.459	Ihr Auftragsdatum 04.01.20..	Unsere Lieferung vom 04.05.20..

Wir lieferten Ihnen heute frei Haus:

Pos.	Menge	Artikelbezeichnung	Einzelpreis je Einheit in €	Gesamtpreis €
1	3 000	Informationsbroschüren, A4, Poster	0,72	2 160,00
			Summe	2 160,00
			19 % USt	410,40
			Gesamt	2 570,40

Begleichen Sie bitte den Rechnungsbetrag innerhalb von 14 Tagen nach Rechnungs-datum durch Zahlung auf unser Konto IBAN DE23 2505 0299 3489 8925 41 bei der Sparkasse Hannover.

USt-IdNr.: DE952728109, Steuer-Nr.: 78/210/65390

5.5 Wie müssen Sie die abgebildete Eingangsrechnung Nr. 12-00-06 buchen? Tragen Sie die zutreffenden Kontennummern in die Kästchen ein.

2 Punkte

Soll | Haben

5.6 Über den Verkauf der Zwiebelhacker liegt Ihnen die Kassenabrechnung über insgesamt 900,00 € vor. Wie viel Euro Umsatzsteuer (19 %) sind in diesem Betrag enthalten?

1 Punkt

2 Punkte

5.7 Wie müssen Sie den Verkauf der Zwiebelhacker buchen? Tragen Sie die zutreffenden Kontennummern in die Kästchen ein.

Soll		Haben	

2 Punkte

5.8 Der Mitarbeiter Manfred Müller kauft sechs Zwiebelhacker zum Sonderpreis. Wie müssen Sie den Verkauf buchen, wenn die Verrechnung über sein Gehaltskonto erfolgen soll? Tragen Sie die zutreffenden Kontennummern in die Kästchen ein.

Soll		Haben	

2 Punkte

5.9 Kontieren Sie die unten abgebildete Eingangsrechnung der Bürobedarf Ulrich GmbH. Tragen Sie die zutreffenden Kontennummern in die Kästchen ein.

Soll		Haben	

Beleg zur Aufgabe 5.9

Bürobedarf Ulrich GmbH

Bürobedarf Ulrich GmbH – Kanalstraße 28 – 30159 Hannover

BüKo GmbH
Ludwig-Thoma-Straße 47
95447 Bayreuth

Kanalstraße 28
30159 Hannover

Telefon: 0511 8347120
Telefax: 0511 8347121

Rechnung

Rechnungs-Nummer 3451	Kunden-Nr. 5224371	Rechnungsdatum 17.11.20..
Bitte bei Zahlung und Rückfragen angeben.		

Eingegangen am 20. November 20.. BüKo GmbH

Pos.	Artikelnummer	Artikelbezeichnung	Stück	Einzelpreis €	Gesamtpreis €
1	2-46988	Tintenpatrone Schwarz für Drucker HP DJ 600	10	42,00	420,00
2	6-25986	Fensterbriefumschläge LD (1 000 Stk.)	10	16,99	169,90
3	6-10562	Kopierpapier A4, weiß (2 500 Bl.)	30	21,95	658,50
				Nettobetrag	1 248,40
				+ 19 % Umsatzsteuer	237,20
				Rechnungsbetrag brutto	1 485,60

Bei Zahlung innerhalb von zehn Tagen ab Rechnungsdatum mit 2 % Skonto, innerhalb von 30 Tagen netto

USt-IdNr.: DE610246261, Steuer-Nr.: 71/021/68253

Bürobedarf Ulrich GmbH – Geschäftsführer Ralf Ulrich – Hannover HRB 4847
Bankverbindung: Stadtsparkasse Hannover IBAN DE23 2505 0180 5463 7623 12

5.10 Kontieren Sie den unten abgebildeten Kontoauszug. Tragen Sie die zutreffenden Kontennummern in die Kästchen ein.

2 Punkte

Soll | **Haben**

Beleg zur Aufgabe 5.10

Kontoauszug vom 07.10.20..				Sparkasse Bayreuth	
Auszug		Geschäftsstelle	Währung	Soll	Haben
51		Ludwig-Thoma-Straße	€		19 549,51
Buchungstag		Wir haben für Sie gebucht	Wert		Umsätze
06	10	AOK, Mitglieds-Nr. 555862 Sozialversicherungsbeiträge September 20..	06	10	15 685,80	
IBAN		DE29 7735 0110 0001 5427 53			
BüKo GmbH Ludwig-Thoma-Straße 47 95447 Bayreuth		Neuer Kontostand			3 863,71

5.11 Buchen Sie die auf der nächsten Seite abgebildete Rechnung. Tragen Sie die zutreffenden Kontennummern in die Kästchen ein.

2 Punkte

Soll | **Haben**

Beleg zur Aufgabe 5.11

BüKo GmbH
Büroeinrichtungs- und Kommunikationssysteme

BüKo GmbH – Ludwig-Thoma-Straße 47 – 95447 Bayreuth

Leuchter GmbH
Elektrogroßhandel
Leyher Str. 274
90431 Nürnberg

Ihr Zeichen: wel
Ihre Nachricht vom: 07.11.20..
Unser Zeichen: me
Unsere Nachricht vom:

Name: Herr Meier
Telefon: 0921 79213-49
Telefax: 0921 79213-59

Rechnung

Rechnungs-Nummer 24-204518	Kunden-Nr. G 24371	Rechnungsdatum 17.11.20..
Ihre Auftrags-Nummer 50-99302-V	Ihr Auftragsdatum 07.11.20..	Unsere Lieferung vom 17.11.20..

Wir lieferten Ihnen heute frei Haus:

Pos.	Artikelnummer	Artikelbezeichnung	Stück	Einzelpreis €	Gesamtpreis €
1	H 93020	Halogenlampe 12V/20	200	4,50	900,00
2	H 93050	Halogenlampe 12V/50	300	5,20	1 560,00
3	H 94278	Zugpendelleuchte, chrom/schwarz, Mattglas	10	120,00	1 200,00
		Nettobetrag			3 660,00
		– 10 % Rabatt			366,00
		+ Verpackungspauschale			30,00
					3 324,00
				19 % USt	631,56
				Gesamt	3 955,56

Bei Zahlung innerhalb von zehn Tagen ab Rechnungsdatum mit 2 % Skonto, innerhalb von 30 Tagen netto

USt-IdNr.: DE999666333, Steuer-Nr.: 393/063/20745

Bankverbindung: Sparkasse Bayreuth, IBAN DE29 7735 0110 0001 5427 53

2. Prüfung

Sie sind Mitarbeiter/-in in der BüKo GmbH (siehe nachfolgende Unternehmensbeschreibung).

Beschreibung des Unternehmens

Firma	BüKo GmbH, Büroeinrichtungs- und Kommunikationssysteme
Geschäftszweck	Herstellung und Vertrieb von Büroeinrichtungs- und Kommunikationssystemen
Geschäftssitz	Ludwig-Thoma-Str. 47, 95447 Bayreuth
Registergericht	Amtsgericht Bayreuth HR B 345-0815 USt-IdNr.: DE999666333 Die BüKo GmbH ist Mitglied des Arbeitgeberverbands. Der Tarifvertrag findet Anwendung.
Geschäftsjahr	1. Januar bis 31. Dezember
Bankverbindungen	Sparkasse Bayreuth BIC BYLADEM1SBT IBAN DE29 7735 0110 0001 5427 53 Postbank Nürnberg BIC PBNKDEFFXXX IBAN DE58 7601 0085 0013 4616 46
Produktprogramm (eigene Erzeugnisse)	• Konferenztische • Konferenzstühle • Besucherstühle • Bürostühle • Regalsysteme
Dienstleistungen	• Lieferung und Montage von Büromöbeln • Entsorgung von Altmöbeln
Handelswaren	• Warengruppe 1: Bürotechnik • Warengruppe 2: Büroeinrichtung • Warengruppe 3: Verbrauch • Warengruppe 4: Organisation
Fertigungsverfahren	Einzel- und Serienfertigung
Stoffe/Vorprodukte	• Rohstoffe: Holz, Furniere, Möbelbezugsstoffe, Scharniere • Hilfsstoffe: Lacke, Klebstoffe, Schrauben, Nägel • Betriebsstoffe: Strom, Gas, Wasser, Heizöl, Schmierstoffe • Vorprodukte: Türschlösser, Türknöpfe • Energie: Strom, Gas
Mitarbeiter	• Angestellte: 42 • Arbeiter: 98 • Auszubildende: 8 Ein Betriebsrat und eine Jugend- und Auszubildendenvertretung sind eingerichtet.

Bitte beachten Sie folgende Hinweise:
- In den Kontierungsaufgaben sind ausschließlich die vierstelligen Kontennummern aus dem beigefügten Auszug des Kontenplans der BüKo GmbH zu verwenden (→ Seiten 9–10).
- Werden Unterkonten im Kontenplan genannt, so ist auf diese Unterkonten zu buchen.
- Wenn nichts anderes vorgegeben ist, ist grundsätzlich aufwandsrechnerisch und netto zu buchen.

Aufgaben

15 Punkte

Aufgabe 1: Kundenbeziehungen, Kommunikation

Situation zu den Aufgaben 1.1 bis 1.3

Die Geschäftsleitung der BüKo GmbH hat sich zum Ziel gesetzt, neue Märkte für die eigene Herstellung von Büromöbeln zu erschließen. Nachdem sich das Unternehmen bisher auf das Firmenkundengeschäft konzentriert hat, ist nun eine Ausweitung der Aktivitäten auf den Privatkundenbereich geplant.

Die BüKo GmbH will einen neuen Schreibtisch (Arbeitstitel „Smart Solution") entwickeln, der im Niedrigpreissegment angesiedelt ist und speziell die Zielgruppe Schüler, Auszubildende und Studenten anspricht. Um ein wettbewerbsfähiges Produkt zu entwickeln und anschließend die Marketinginstrumente zielgerichtet einsetzen zu können, braucht das Unternehmen Informationen über den potenziellen Absatzmarkt. Im Rahmen der Marktforschung soll eine Primärforschung durchgeführt werden. Sie werden daher beauftragt, einen Fragebogen für eine schriftliche Befragung zu entwickeln.

3 Punkte

1.1 Erläutern Sie kurz, was unter einer Primärforschung zu verstehen ist, und nennen Sie zwei Vorteile gegenüber der Sekundärforschung.

6 Punkte

1.2 Unterscheiden Sie drei grundsätzliche Fragearten und erläutern Sie diese jeweils anhand eines konkreten Beispiels.

6 Punkte

1.3 Formulieren Sie sechs konkrete Fragen für den Fragebogen.

20 Punkte

Aufgabe 2: Auftragsbearbeitung und -nachbereitung

Situation zu den Aufgaben 2.1 bis 2.4

Sie sind als Mitarbeiter/-in der BüKo GmbH derzeit mit der Warenannahme beauftragt. Am 12.06. d. J. übergibt Ihnen ein Kollege den unten abgebildeten Lieferschein mit der Bitte, sich darum zu kümmern.

Lieferschein

Lieferscheinnummer	Kundennummer	Datum
48260471	134834	11.06.20..

Artikelbezeichnung	Artikelnummer	Menge
Schreibtischlampe „Luxor"	723491	10

Eine Lampe mit verkratztem Gehäuse!   *Geprüft am 11.06.20..*
Schmidt

2.1 Um welche Mangelart handelt es sich im vorliegenden Fall? Nennen Sie drei weitere Mangelarten.

2.2 Welche Maßnahme müssen Sie zuerst ergreifen, um Ihre Rechte gegenüber dem Lieferanten zu sichern? Gehen Sie dabei auch auf die Besonderheiten des zweiseitigen Handelskaufs ein.

2.3 Welche Rechte kann die BüKo GmbH vorrangig geltend machen?

2.4 Erläutern Sie, welche Rechte die BüKo GmbH nachrangig geltend machen kann. Gehen Sie dabei auch darauf ein, unter welchen Voraussetzungen die Rechte geltend gemacht werden können.

Situation zu den Aufgaben 2.5 bis 2.9

Für den Monat Mai liegen Ihnen folgende Daten zu zwei Artikeln aus dem Sortiment Schreibtischlampen vor:

	Schreibtischlampe „Business"	Schreibtischlampe „Smart"
Anfangsbestand in Stück (01.05.20..)	4	6
Einkäufe in Stück	9	8
Rücksendungen an Lieferer in Stück	1	2
Bezugspreis pro Stück	69,90 €	49,90 €
Endbestand in Stück (31.05.20..)	3	2
Kalkulationszuschlag in %	70	
Nettoverkaufspreis		89,90 €

2.5 Wie viele Schreibtischlampen „Business" wurden im Mai verkauft?

2.6 Wie viel Euro beträgt der Wareneinsatz bei der Schreibtischlampe „Business"?

2.7 Ermitteln Sie den Bruttoverkaufspreis für die Schreibtischlampe „Business".

2.8 Ermitteln Sie die Umsatzsteuer (in Euro), die im Verkaufspreis der Schreibtischlampe „Smart" enthalten ist.

2.9 Berechnen Sie den Kalkulationszuschlag, mit dem bei der Schreibtischlampe „Smart" kalkuliert worden ist.

2.10 Welches Merkmal beeinflusst die Ermittlung des Bestellzeitpunktes nicht?

(1) eigene Lagerkapazität

(2) Preiserhöhung des Lieferers

(3) eigene Zahlungsfähigkeit

(4) Absatz in der Vergangenheit

(5) Anzahl der Lagermitarbeiter

1 Punkt

2.11 Ein Lieferant teilt Ihnen mit, dass sich die Lieferfrist für einen Artikel auf fünf Tage verkürzt. Welche Angabe sollten Sie ändern?

(1) Mindestbestand

(2) durchschnittliche Lagerdauer

(3) Soll-Bestand

(4) „eisernen" Bestand

(5) Meldebestand

1 Punkt

2.12 Welche der folgenden Aussagen über die Entwicklung der Lagerkosten ist zutreffend?

(1) Je niedriger der Kapitaleinsatz, desto höher die Lagerkosten.

(2) Je höher die Lagerumschlagshäufigkeit, desto niedriger die Lagerkosten.

(3) Je höher der Mindestbestand, desto niedriger die Lagerkosten.

(4) Je höher die Umsatzsteuer, desto höher die Lagerkosten.

(5) Je höher die durchschnittliche Lagerdauer, desto niedriger die Lagerkosten.

1 Punkt

2.13 Welche Auswirkung kann es für die BüKo GmbH haben, wenn sich die Lieferzeit für einen Artikel unvorhergesehen verlängert?

(1) Die Kapitalkosten erhöhen sich.

(2) Da die durchschnittliche Lagerdauer steigt, sinken die Lagerzinsen.

(3) Der Mindestbestand wird unterschritten, bevor die neue Lieferung kommt.

(4) Der Mindestbestand wird später erreicht.

(5) Die durchschnittliche Lagerdauer erhöht sich.

2.14 Der Verkaufspreis einer Ware betrug ursprünglich 100,00 €. Zunächst wurde der Preis um 20 % herabgesetzt. Als trotz der Preissenkung kein Verkaufserfolg erzielt wurde, entschied sich die BüKo GmbH zu einer weiteren Preissenkung von 30 %. Auch diese Maßnahme führte nicht zu einer spürbaren Erhöhung der Absatzzahlen. Um Platz im Lager zu schaffen, wurde der Preis ein weiteres Mal um 50 % gesenkt. Erst jetzt konnte der Artikel endlich verkauft werden.
Zu welchem Preis wurde die Ware zuletzt angeboten?

1 Punkt

30 Punkte

Aufgabe 3: Personalbezogene Aufgaben

Situation zu den Aufgaben 3.1 bis 3.7

Die BüKo GmbH sucht einen Mitarbeiter für eine frei gewordene Stelle als Außendienstmitarbeiter (Reisender). Für die innerbetriebliche Stellenausschreibung zur Besetzung der Stelle eines Reisenden hat ein Kollege den unten stehenden Entwurf erstellt.

An alle, die weiterkommen möchten!

Stellenbeschreibung

Für den Vertrieb wird zum 1. Oktober

ein Reisender

gesucht.

Aufgabenbereich:
Kundenbesuche zur Vertragsanbahnung und zum Vertragsabschluss im eigenen Namen und auf Rechnung der BüKo GmbH.

Anforderungen:
– Mindestalter: 30 Jahre
– selbstständige Arbeitsweise
– Organisationstalent
– Flexibilität

Wir bitten Sie, Ihre Bewerbung bis spätestens 1. Oktober in der Personalabteilung einzureichen. Die Angelegenheit wird vertraulich behandelt.

Die Personalabteilung
Jörg Meier

3.1 Sie sind der Auffassung, dass die im Entwurf angeführten Anforderungen an den Bewerber noch ergänzungsbedürftig sind. Nennen Sie vier weitere Anforderungen, die in dem oben stehenden Entwurf zu ergänzen sind.

`4 Punkte`

3.2 Sie stellen fest, dass der Entwurf darüber hinaus noch sachliche/rechtliche Fehler enthält. Nennen Sie vier dieser Fehler und korrigieren Sie diese.

`4 Punkte`

3.3 Als Mitarbeiter/-in in der Personalabteilung der BüKo GmbH sind Sie nicht nur für die Personalbeschaffung, sondern auch für die Personalbedarfsplanung verantwortlich. In den letzten drei Jahren lässt sich eine stetig gestiegene Mitarbeiterfluktuation feststellen.

Erklären Sie, was unter dem Begriff Mitarbeiterfluktuation zu verstehen ist.

`2 Punkte`

3.4 Nennen Sie vier mögliche Ursachen, wie es zu der hohen Mitarbeiterfluktuation kommen konnte.

`4 Punkte`

3.5 Sie haben die Aufgabe, den Nettopersonalbedarf der BüKo GmbH für das kommende Jahr zu berechnen. Stellen Sie eine Formel auf, mit der sich diese Größe ermitteln lässt.

`2 Punkte`

3.6 Erläutern Sie die Bedeutung der demografischen Entwicklung in Deutschland für die Personalplanung der BüKo GmbH. Nennen Sie zwei konkrete Maßnahmen, wie sich die BüKo GmbH vor den Folgen der demografischen Entwicklung schützen kann.

`4 Punkte`

3.7 Auch nach der internen Stellenausschreibung kann die Stelle mangels geeigneter Bewerber nicht besetzt werden. Die BüKo GmbH erwägt nun eine externe Personalbeschaffung. Nennen Sie vier Möglichkeiten einer solchen externen Personalbeschaffung.

`4 Punkte`

Situation zu den Aufgaben 3.8 bis 3.12

Sie bearbeiten die Entgeltabrechnung von Herrn Stefan Meier. Aus der Lohnsteuerkarte liegen folgende Informationen vor:

- Steuerklasse: III
- Kinderfreibeträge: 1,0
- Konfession: RK
- monatlicher Freibetrag: 217,00 €

Herr Meier erhält 15,80 € je Stunde in Lohngruppe 7. Im letzten Monat hat er 168 Stunden regulär gearbeitet. Er hat einen Bausparvertrag abgeschlossen, auf den monatlich 40,00 € vermögenswirksam einzuzahlen sind. Dazu erhält er einen Arbeitgeberzuschuss von 13,50 €.

1 Punkt

3.8 Herr Meier möchte eine steuerpflichtige Nebentätigkeit bei einem anderen Arbeitgeber aufnehmen und bittet Sie daher um eine Lohnsteuerkarte.

Wie entscheiden Sie richtig?

(1) Sie fertigen eine Kopie der Steuerkarte an und händigen ihm das Original für den neuen Arbeitgeber aus.

(2) Sie informieren ihn, dass er beim Finanzamt eine neue Steuerkarte beantragen muss.

(3) Sie schicken ihn zu seiner Gemeindebehörde, damit er dort eine zweite Lohnsteuerkarte beantragen kann.

(4) Die fertigen eine Kopie der Steuerkarte an und geben sie Herrn Meier für den anderen Arbeitgeber mit.

(5) Sie geben ihm die Steuerkarte und bitten ihn um Rückgabe der Karte bis zum 31. Dezember d. J.

1 Punkt

3.9 Welche Entgeltform erhält Herr Meier?

(1) Reallohn

(2) Zeitakkordlohn

(3) Zeitlohn

(4) Investivlohn

(5) Prämienlohn

1 Punkt

3.10 Wie hoch ist der zu versteuernde Monatslohn von Herrn Meier?

1 Punkt

3.11 Welche Bedeutung haben die Angaben aus der Steuerkarte für Sie bei der Ermittlung der Kirchensteuer von Herrn Meier?

(1) Die Angaben auf der Lohnsteuerkarte sind bei der Ermittlung der Lohnsteuer zu berücksichtigen. Die Lohnsteuer wiederum ist die Bemessungsgrundlage für die Berechnung der Kirchensteuer.

(2) Sie müssen den konfessionsgebundenen Steuersatz von 8 % anwenden.

(3) Sie müssen die einbehaltene Kirchensteuer an die katholische Kirche abführen.

(4) Sie müssen den bundeseinheitlichen Steuersatz von 9 % anwenden.

(5) Für die Ermittlung der Kirchensteuer brauchen Sie den monatlichen Steuerfrei-
betrag nicht zu berücksichtigen.

3.12 Sie ermittelt die Sozialversicherungsabzüge von Herrn Meier anhand einer Tabelle.
Darin fehlen die Beiträge zur gesetzlichen Unfallversicherung.
Welche Bedeutung hat dies?

> 1 Punkt

(1) Die Beiträge für Herrn Meier sind im Betrag zu dessen Krankenversicherung
enthalten.

(2) Herr Meier ist für die Entrichtung der Beiträge selbst verantwortlich.

(3) Die Beiträge werden nur einmal am Jahresende ermittelt und einbehalten.

(4) Die Beiträge für Herrn Meier werden voll als Personalnebenkosten von der BüKo
GmbH getragen.

(5) Herr Meier ist privat versichert. Deshalb behalten Sie keine Beiträge ein.

3.13 Ein Mitarbeiter der BüKo GmbH möchte am 3. Mai wissen, wie viele Arbeitstage Urlaub
ihm noch für das laufende Jahr zustehen. Insgesamt beträgt ein tariflicher Urlaubsanspruch 28 Arbeitstage pro Jahr (Arbeitszeit Montag bis Freitag).

Folgende Fehlzeiten liegen vor:
- 23. Januar bis 6. Februar: Tarifurlaub
- 5. April bis 12. April: Tarifurlaub
- 13. April bis 15. April: Krankenhausaufenthalt

Ermitteln Sie mithilfe des unten abgebildeten Kalenders, wie viele Arbeitstage Resturlaub
ihm am 3. Mai noch zustehen.

> 1 Punkt

(1) 8

(2) 11

(3) 12

(4) 13

(5) 15

Kalender zu Aufgabe 3.13

	Januar								Februar								März								April						
KW	MO	DI	MI	DO	FR	SA	SO	KW	MO	DI	MI	DO	FR	SA	SO	KW	MO	DI	MI	DO	FR	SA	SO	KW	MO	DI	MI	DO	FR	SA	SO
01		1	2	3	4	5	6	05					1	2	3	09					1	2	3	14	1	2	3	4	5	6	7
02	7	8	9	10	11	12	13	06	4	5	6	7	8	9	10	10	4	5	6	7	8	9	10	15	8	9	10	11	12	13	14
03	14	15	16	17	18	19	20	07	11	12	13	14	15	16	17	11	11	12	13	14	15	16	17	16	15	16	17	18	19	20	21
04	21	22	23	24	25	26	27	08	18	19	20	21	22	23	24	12	18	19	20	21	22	23	24	17	22	23	24	25	26	27	28
05	28	29	30	31				09	25	26	27	28				13	25	26	27	28	29	30	31	18	29	30					

	Mai								Juni								Juli								August						
KW	MO	DI	MI	DO	FR	SA	SO	KW	MO	DI	MI	DO	FR	SA	SO	KW	MO	DI	MI	DO	FR	SA	SO	KW	MO	DI	MI	DO	FR	SA	SO
18		1	2	3	4	5		22						1	2	27	1	2	3	4	5	6	7	31				1	2	3	4
19	6	7	8	9	10	11	12	23	3	4	5	6	7	8	9	28	8	9	10	11	12	13	14	32	5	6	7	8	9	10	11
20	13	14	15	16	17	18	19	24	10	11	12	13	14	15	16	29	15	16	17	18	19	20	21	33	12	13	14	15	16	17	18
21	20	21	22	23	24	25	26	25	17	18	19	20	21	22	23	30	22	23	24	25	26	27	28	34	19	20	21	22	23	24	25
22	27	28	29	30	31			26	24	25	26	27	28	29	30	31	29	30	31					35	26	27	28	29	30	31	

	September								Oktober								November								Dezember						
KW	MO	DI	MI	DO	FR	SA	SO	KW	MO	DI	MI	DO	FR	SA	SO	KW	MO	DI	MI	DO	FR	SA	SO	KW	MO	DI	MI	DO	FR	SA	SO
35							1	40	1	2	3	4	5	6		44					1	2	3	48							1
36	2	3	4	5	6	7	8	41	7	8	9	10	11	12	13	45	4	5	6	7	8	9	10	49	2	3	4	5	6	7	8
37	9	10	11	12	13	14	15	42	14	15	16	17	18	19	20	46	11	12	13	14	15	16	17	50	9	10	11	12	13	14	15
38	16	17	18	19	20	21	22	43	21	22	23	24	25	26	27	47	18	19	20	21	22	23	24	51	16	17	18	19	20	21	22
39	23	24	25	26	27	28	29	44	28	29	30	31				48	25	26	27	28	29	30		52	23	24	25	26	27	28	29
40	30																							1	30	31					

01. 01. Neujahr • 06.01. Heilige Drei Könige (in Baden-Württemberg, Bayern, Sachsen-Anhalt) • 29.03. Karfreitag • 01.04. Ostermontag • 01.05. Tag der Arbeit • 09.05. Christi Himmelfahrt 20.05. Pfingstmontag • 30.05. Fronleichnam (in Baden-Württemberg, Bayern, Hessen, Nordrhein-Westfalen, Rheinland-Pfalz, Saarland) • 15.08. Mariä Himmelfahrt (in Bayern, Saarland) 03.10. Tag der Deutschen Einheit • 31.10. Reformationstag (in Mecklenburg-Vorpommern, Brandenburg, Sachsen-Anhalt, Sachsen, Thüringen) • 01.11. Allerheiligen (in Bayern, Baden-Württemberg, Rheinland-Pfalz, Nordrhein-Westfalen, Saarland) • 20.11. Buß- und Bettag (in Sachsen) • 25.12. 1.Weihnachtstag • 26.12. 2.Weihnachtstag

15 Punkte

Aufgabe 4: Kaufmännische Steuerung und Kontrolle (Kosten- und Leistungsrechnung/ Controlling)

Situation zu den Aufgaben 4.1 bis 4.3

Als Mitarbeiter/-in der Abteilung Kostenrechnung der BüKo GmbH werden Sie beauftragt, eine Abgrenzungsrechnung vorzunehmen.

Tabelle zu den Aufgaben 4.1 bis 4.3

Rechnungskreis I			Rechnungskreis II						
Erfolgsbereich der Geschäftsbuchführung (GB) (Erfolgsrechnung)			Abgrenzungsbereich (Abgrenzungsrechnung)				KLR-Bereich (Betriebsergebnisrechnung)		
Aufwands- und Ertragsarten der Klassen 5, 6 und 7			Unternehmensbez., betriebsfremde Abgrenzungen (Kto.-Gruppe 90)		Kostenrechnerische Korrekturen (Kto.-Gruppe 91)		Kosten- und Leistungsarten (Kto.-Gruppe 92)	
Kto. Nr.	Aufwendungen	Erträge	Aufwendungen	Erträge	Betriebsbez. Aufwendg. lt. GB	Verrechnete Kosten lt. KLR	Kosten	Leistungen
	A	B	C	D	E	F	G	H

4.1 In der Abteilung Kostenrechnung der BüKo GmbH wird eine Abgrenzungsrechnung vorgenommen. Welche der folgenden Aussagen trifft als Begründung für die Durchführung einer Abgrenzungsrechnung <u>nicht</u> zu?

1 Punkt

(1) Die Ergebnistabelle weist u. a. das Gesamtergebnis und das Betriebsergebnis aus.

(2) Die Zahlen der Finanzbuchhaltung spiegeln nur unzureichend die betriebliche Situation wider. Die Ergebnistabelle liefert dagegen genauere betriebliche Zahlen.

(3) Die Abgrenzungsrechnung filtert die neutralen Aufwendungen und Erträge aus den gesamten Aufwendungen und Erträgen heraus.

(4) Die Ergebnistabelle ermöglicht eine genauere Aussage über die Kosten und Leistungen einer Periode als die Gewinn- und Verlustrechnung.

(5) Die Abgrenzungsrechnung dient alleine der Abgrenzung betriebsfremder Aufwendungen und Erträge.

4.2 Wie wird das Konto „6800 Büromaterial" in der Ergebnistabelle erfasst?

1 Punkt

(1) nur in der Spalte A

(2) in den Spalten A und C

(3) in den Spalten A und E

(4) in den Spalten A und G

(5) in den Spalten E und G

4.3 Wie wird das Konto „5480 Erträge aus der Auflösung von Rückstellungen" erfasst?

1 Punkt

(1) nur in der Spalte B

(2) in den Spalten B und D

(3) in den Spalten B und E

(4) in den Spalten B und F

(5) in den Spalten B und H

4.4 Im nächsten Schritt wird in der BüKo GmbH eine Kostenstellenrechnung durchgeführt. Welche <u>zwei</u> der folgenden Aussagen zum Betriebsabrechnungsbogen (BAB) sind zutreffend?

2 Punkte

(1) Bestimmte Kosten lassen sich den betrieblichen Produkten direkt zuordnen und tauchen deshalb im Betriebsabrechnungsbogen nicht auf.

(2) Das Betriebsergebnis wird im Betriebsabrechnungsbogen ermittelt.

(3) Der Betriebsabrechnungsbogen ist das Bindeglied zwischen der Finanzbuchhaltung und der Kostenartenrechnung.

(4) Mithilfe des Betriebsabrechnungsbogens lassen sich die für die Kalkulation notwendigen Zuschlagssätze ermitteln.

(5) Im Betriebsabrechnungsbogen werden die Gemeinkosten auf die Kostenstellen verteilt.

(6) Im Betriebsabrechnungsbogen wird der wirtschaftliche Erfolg des Unternehmens ermittelt.

(7) Der Betriebsabrechnungsbogen ist Voraussetzung, um eine Deckungsbeitragsrechnung durchführen zu können.

Situation zu den Aufgaben 4.5 bis 4.9

Ihr Vorgesetzter übergibt Ihnen eine Reihe von Daten. Er bittet Sie, die Zahlen unter kostenrechnerischer Sicht auszuwerten.

4.5 Die BüKo GmbH hat für das erste Quartal d. J. für eine Schreibtischlampe folgende Daten ermittelt:

- Absatzmenge: 600 Stück
- Gesamtkosten: 10 500,00 €
- Fixkosten: 2 850,00 €
- Nettoverkaufspreis: 24,00 €/Stück

Ermitteln Sie

2 Punkte

(1) die variablen Kosten je Stück,

2 Punkte

(2) den Deckungsbeitrag je Stück,

2 Punkte

(3) die Gewinnschwelle (Break-even-Point) in Stück.

4.6 Ihr Vorgesetzter legt Ihnen einen Kostenverlauf für die Herstellung eines Büroschranks (siehe abgebildete Tabelle) vor mit den Worten: „Jetzt sehen Sie sich einmal diesen ungewöhnlichen Kostenverlauf an!"

m	K_v	$k_v = K_v : m$
100	12 000	120
200	26 000	130
300	42 000	140
400	60 000	150
500	80 000	160

Welcher Kostenverlauf ergibt sich hier für die variablen Gesamtkosten?

1 Punkt

(1)   Sie bleiben konstant.

(2)   Sie steigen überproportional.

(3)   Sie steigen unterproportional.

(4)   Sie steigen proportional.

(5)   Sie verlaufen degressiv.

4.7   Für die Herstellung des Schreibtisches „Smart Solution" liegt Ihnen die abgebildete Grafik zur Kostensituation vor.

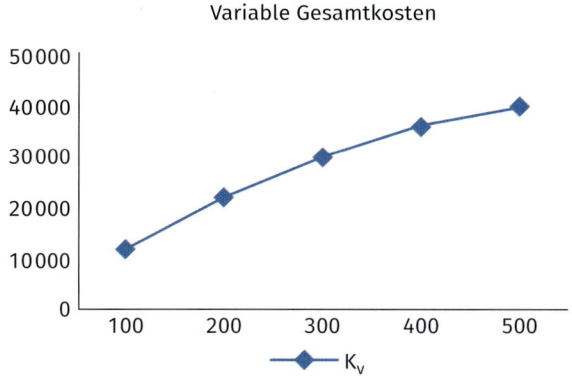

Welcher Kostenverlauf ergibt sich für die variablen Stückkosten?

1 Punkt

(1)   Sie bleiben konstant.

(2)   Sie verlaufen degressiv.

(3)   Sie verlaufen progressiv.

(4)   Sie verlaufen proportional.

(5)   Sie sind fix.

4.8   Stellen Sie fest, bei welchem Verkaufspreis für den Schreibtisch „Smart Solution" die kurzfristige Preisuntergrenze liegt.

1 Punkt

(1)   Es ist der Verkaufspreis in Höhe der variablen Stückkosten.

(2)   Es ist der Verkaufspreis in Höhe der fixen Stückkosten.

(3)   Es ist der Verkaufspreis in Höhe der gesamten Stückkosten.

(4) Es ist der Verkaufspreis in Höhe der Stückkosten zuzüglich eines Aufschlags, der Ersatzinvestitionen ermöglicht.

(5) Es ist der Verkaufspreis, der außer der Kostendeckung eine angemessene Gewinnerzielung ermöglicht.

1 Punkt

4.9 Bei welchem Verkaufspreis für den Schreibtisch „Smart Solution" liegt die langfristige Preisuntergrenze?

(1) Es ist der Verkaufspreis in Höhe der variablen Stückkosten.

(2) Es ist der Verkaufspreis in Höhe der fixen Stückkosten.

(3) Es ist der Verkaufspreis in Höhe der gesamten Stückkosten.

(4) Es ist der Verkaufspreis in Höhe der Stückkosten zuzüglich eines Aufschlags, der Ersatzinvestitionen ermöglicht.

(5) Es ist der Verkaufspreis, der außer der Kostendeckung eine angemessene Gewinnerzielung ermöglicht.

20 Punkte

Aufgabe 5: Kaufmännische Steuerung und Kontrolle (Buchführung)

Hinweis: Verwenden Sie zur Bearbeitung der Aufgabe den Kontenplan auf den Seiten 9–10.

Situation zur Aufgabe 5

Sie sind für einen Geschäftsfall zuständig, der im Zusammenhang mit einem Verkauf an den Elektrogroßhändler Hans Hase OHG steht. Hierzu liegen Ihnen die folgenden Belege zur Bearbeitung vor.

2 Punkte

5.1 Wie müssen Sie die Rechnung Nr. 24-87523 (siehe Beleg) buchen? Tragen Sie die zutreffenden Kontennummern in die Kästchen ein.

Soll		Haben

Beleg zur Aufgabe 5.1

BüKo GmbH
Büroeinrichtungs- und Kommunikationssysteme

BüKo GmbH – Ludwig-Thoma-Straße 47 – 95447 Bayreuth

Hans Hase OHG
Elektrogroßhandel
Fürther Str. 176
22307 Hamburg

Ihr Zeichen: wie
Ihre Nachricht vom: 01.04.20..
Unser Zeichen: me
Unsere Nachricht vom:

Name: Herr Meier
Telefon: 0921 79213-49
Telefax: 0921 79213-59

Rechnung

Rechnungs-Nummer 24-87523	Kunden-Nr. G 24169	Rechnungsdatum 07.04.20..
Ihre Auftrags-Nummer Zi. 67-00	Ihr Auftragsdatum 01.04.20..	Unsere Lieferung vom 07.04.20..

Wir lieferten Ihnen heute per Speditionsfracht frei Haus:

Pos.	Artikelnummer	Artikelbezeichnung	Stück	Einzelpreis €	Gesamtpreis €
1	H 93020	Halogenlampe 12V/20	100	4,50	450,00
2	H 93050	Halogenlampe 12V/50	300	5,20	1 560,00
3	E 80373	Energiesparlampe 11W/60	100	8,50	850,00
4	E 80376	Energiesparlampe 15W/75	200	8,90	1 750,00
				Nettobetrag	4 670,00
				+ Leihverpackung	130,00
					4 800,00
				19 % USt	912,00
				Gesamt	5 712,00

Bei Zahlung innerhalb von zehn Tagen ab Rechnungsdatum mit 2 % Skonto, innerhalb von 30 Tagen netto

USt-Id.Nr.: DE999666333, Steuer-Nr.: 393/063/20745

Bankverbindung: Sparkasse Bayreuth, IBAN DE29 7735 0110 0001 5427 53

5.2 Beim Warenversand an die Hans Hase OHG erhalten Sie unten abgebildete Rechnung der Spedition Oli Phant KG.
Wie müssen Sie diese Eingangsrechnung buchen? Tragen Sie die zutreffenden Kontennummern in die Kästchen ein.

2 Punkte

Soll		Haben

Beleg zur Aufgabe 5.2

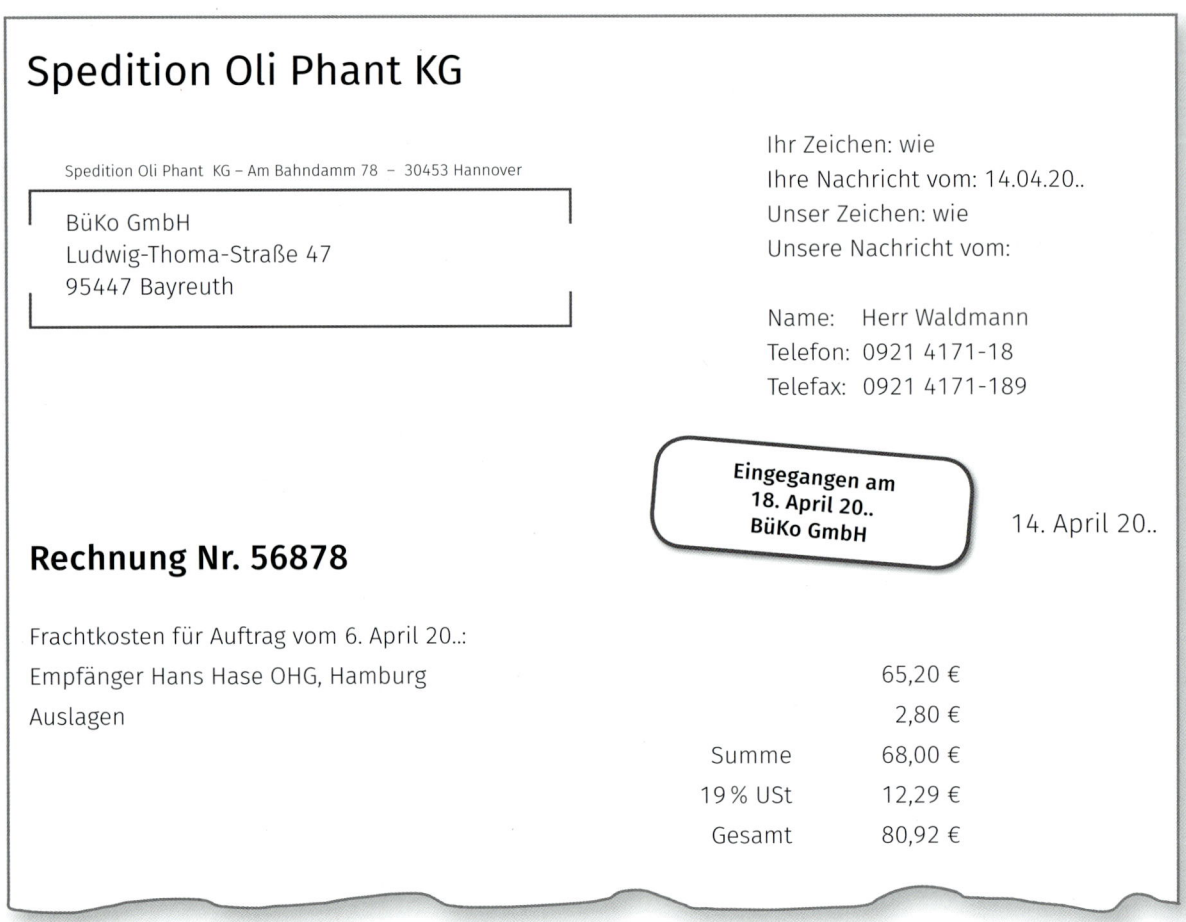

Spedition Oli Phant KG

Spedition Oli Phant KG – Am Bahndamm 78 – 30453 Hannover

BüKo GmbH
Ludwig-Thoma-Straße 47
95447 Bayreuth

Ihr Zeichen: wie
Ihre Nachricht vom: 14.04.20..
Unser Zeichen: wie
Unsere Nachricht vom:

Name: Herr Waldmann
Telefon: 0921 4171-18
Telefax: 0921 4171-189

Eingegangen am
18. April 20..
BüKo GmbH

14. April 20..

Rechnung Nr. 56878

Frachtkosten für Auftrag vom 6. April 20..:
Empfänger Hans Hase OHG, Hamburg   65,20 €
Auslagen   2,80 €

Summe   68,00 €
19 % USt   12,29 €
Gesamt   80,92 €

5.3 Bei der Fakturierung der Rechnung wurde der Hans Hase OHG versehentlich kein Rabatt eingeräumt. Mit einem zusätzlichen Schreiben (siehe Beleg) erhält die Hans Hase OHG nachträglich die Gutschrift.
Wie müssen Sie die Gutschrift Nr. 8-89321-9 buchen? Tragen Sie die zutreffenden Kontennummern in die Kästchen ein.

2 Punkte

Soll		Haben

Beleg zur Aufgabe 5.3

BüKo GmbH
Büroeinrichtungs- und Kommunikationssysteme

BüKo GmbH – Ludwig-Thoma-Straße 47 – 95447 Bayreuth

Hans Hase OHG
Elektrogroßhandel
Fürther Str. 176
22307 Hamburg

Ihr Zeichen: wie
Ihre Nachricht vom: 15.04.20..
Unser Zeichen: me
Unsere Nachricht vom:

Name: Herr Meier
Telefon: 0921 79213-49
Telefax: 0921 79213-59

Gutschrift

Datum: 16.04.20..
Gutschrift-Nr.:   8-89321-9

Versehentlich wurde mit Rechnung Nr. 24-87523 vom 7. April 20.. der Ihnen zustehende Rabatt nicht berücksichtigt.

Wir schreiben Ihnen deshalb gut:

Nettobetrag	4 670,00 €
davon 20 %	934,00 €
+ 19 % Umsatzsteuer	177,46 €
Gutschriftsbetrag	1 111,46 €

5.4   Die Hans Hase OHG sendet uns die berechnete Leihverpackung zurück und erhält dafür eine Gutschrift.
Wie müssen Sie die Gutschrift Nr. 8-91375-5 (Beleg auf der nächsten Seite) buchen?
Tragen Sie die zutreffenden Kontennummern in die Kästchen ein.

2 Punkte

Soll		Haben

Beleg zur Aufgabe 5.4

BüKo GmbH
Büroeinrichtungs- und Kommunikationssysteme

BüKo GmbH – Ludwig-Thoma-Straße 47 – 95447 Bayreuth

Hans Hase OHG
Elektrogroßhandel
Fürther Str. 176
22307 Hamburg

Ihr Zeichen: wie
Ihre Nachricht vom: 01.04.20..
Unser Zeichen: me
Unsere Nachricht vom:

Name: Herr Meier
Telefon: 0921 79213-49
Telefax: 0921 79213-59

Datum: 22.04.20..
Gutschrift-Nr.: 8-91375-5

Gutschrift

Für die zurückgesandte Leihverpackung schreiben wir Ihnen gut:

Verpackungswert	130,00 €
+ 19 % Umsatzsteuer	24,70 €
Gutschriftsbetrag	154,70 €

5.5 Die Hans Hase OHG bezahlt am 30. April 20.. (siehe Kontoauszug).
Wie müssen Sie den Zahlungseingang buchen? Tragen Sie die zutreffenden Kontennummern in die Kästchen ein.

2 Punkte

Soll			Haben
☐☐☐☐	☐☐☐☐	☐☐☐☐	☐☐☐☐

Beleg zur Aufgabe 5.5

Kontoauszug vom 09.05.20..					**Sparkasse Bayreuth**
Auszug		Geschäftsstelle	Währung	Soll	Haben
15		Ludwig-Thoma-Straße	€		**11 235,89**
Buchungstag		Wir haben für Sie gebucht	Wert		Umsätze
29	04	Gutschrift Rechnung Nr. 24-87523 v. 7. April abzgl. Gutschriften Nr. 8-89321-9 v. 16. April und Nr. 8-91375-5 v. 22. April	29	04	4 445,84
IBAN		DE29 7735 0110 0001 5427 53			
BüKo GmbH Ludwig-Thoma-Straße 47 95447 Bayreuth			Neuer Kontostand		**6 790,05**

5.6   Wie lange muss die BüKo GmbH die Eingangsrechnung der Oli Phant KG
(Aufgabe 5.2) nach den gesetzlichen Regelungen (HGB) aufbewahren?

      1 Punkt

     (1)   Die BüKo GmbH muss den Beleg bis zum 31.12. des gleichen Jahres aufbewahren.

     (2)   Die Aufbewahrungspflicht beträgt sechs Jahre und läuft ab dem Rechnungsdatum.

     (3)   Die Aufbewahrungspflicht beträgt sechs Jahre und beginnt ab dem 31.12. des
Jahres, in dem die Rechnung eingegangen ist.

     (4)   Die Aufbewahrungspflicht beträgt zehn Jahre und beginnt ab dem 31.12. des
Jahres, in dem die Rechnung eingegangen ist.

     (5)   Eingangsrechnungen sind grundsätzlich nicht aufzubewahren.

5.7   Welche Auswirkungen haben Abschreibungen für Ihr Unternehmen, wenn es ein positi-
ves Ergebnis erwirtschaftet?

      1 Punkt

     (1)   Sie erhöhen den Umsatz.

     (2)   Sie führen zu einem hohen Anlagekapitalausweis.

     (3)   Sie verringern die Steuerlast.

     (4)   Sie verringern die Liquidität.

     (5)   Sie erhöhen den Gewinn.

Beleg zu den Aufgaben 5.8 bis 5.12

CompTech GmbH
DV-Systeme – Bürokommunikation

CompTech GmbH · Ringstr. 6 · 30457 Hannover

BüKo GmbH
Ludwig-Thoma-Str. 47
95447 Bayreuth

Ringstr. 6
30457 Hannover

Telefon: 0511 8347-120
Telefax: 0511 8347-121

Eingegangen am
30. Juni 20..
BüKo GmbH

Rechnung

Rechnungs-Nummer 99-351	Kunden-Nr. 2224371	Rechnungsdatum 21. Juni 20..
Ihre Auftrags-Nummer 2785311	Ihr Auftragsdatum 10. Juni 20..	Unsere Lieferung vom 21. Juni 20..

Pos.	Artikelnummer	Artikelbezeichnung	Stück	Einzelpreis €	Gesamtpreis €
1	NB 46988	Notebook Apple McBook Pro MC721/D abzgl. 10% Rabatt	1	1 599,00	1 599,00 159,90
				Nettobetrag + 19% Umsatzsteuer	1 439,10 273,43
				Rechnungsbetrag brutto	1 712,53

Bei Zahlung innerhalb von zehn Tagen ab Rechnungsdatum mit 2% Skonto, innerhalb von 30 Tagen netto

USt-IdNr.: DE517682186, Steuer-Nr.: 37/213/79038

---

1 Punkt

5.8 Sie erhalten die oben abgebildete Rechnung der Comptech GmbH. Wie müssen Sie bei der Rechnungsprüfung vorgehen?

(1) Bei langjährigen zuverlässigen Lieferanten müssen Sie die Rechnung nicht weiter prüfen.

(2) Sie müssen die Höhe des Einzelpreises und des Sofortrabattes mit den vereinbarten Vertragsbedingungen vergleichen.

(3) Da die Unterschrift fehlt, dürfen Sie die Rechnung nicht anerkennen.

(4) Sie beanstanden die Rechnung bei der Comptech GmbH, da der Rechnungsbetrag fehlerhaft ist.

(5) Da die Rechnung rechnerisch richtig ist, weisen Sie ohne weitere Rückfragen die sofortige Zahlung an.

5.9 Wie müssen Sie nach erfolgter sachlicher und rechnerischer Prüfung die Eingangsrechnung NR. 99-351 buchen?
Tragen Sie die zutreffenden Kontennummern in die Kästchen ein.

2 Punkte

Soll		Haben	

5.10 Die Eingangsrechnung der Comptech GmbH wurde von Ihnen am 6. Juli unter Abzug von 2 % Skonto per Banküberweisung bezahlt.
Wie buchen Sie den Zahlungsausgleich? Tragen Sie die zutreffenden Kontennummern in die Kästchen ein.

2 Punkte

Soll			Haben		

5.11 Sie werden gebeten, die am 28. Juni 20.. beschafften Notebooks in Restbuchwert am Ende des ersten Nutzungsjahren bei linearer Abschreibungsmethode zu ermitteln.
Gehen Sie von einem Anschaffungswert von 1 439,10 € aus. Die Nutzungsdauer des Notebooks beträgt drei Jahre.
Wie viel Euro beträgt der Restbuchwert der Notebooks am 31. Dezember, wenn die Notebooks mit dem maximal möglichen Betrag abgeschrieben werden?

2 Punkte

5.12 Wie müssen Sie die Abschreibung der Notebooks zum 31. Dezember kontieren?
Tragen Sie die zutreffenden Kontennummern in die Kästchen ein.

1 Punkt

Soll		Haben	

3. Prüfung

Sie sind Mitarbeiter/-in in der BüKo GmbH (siehe nachfolgende Unternehmensbeschreibung).

Beschreibung des Unternehmens

Firma	BüKo GmbH, Büroeinrichtungs- und Kommunikationssysteme
Geschäftszweck	Herstellung und Vertrieb von Büroeinrichtungs- und Kommunikationssystemen
Geschäftssitz	Ludwig-Thoma-Str. 47, 95447 Bayreuth
Registergericht	Amtsgericht Bayreuth HR B 345-0815 USt-IdNr.: DE999666333 Die BüKo GmbH ist Mitglied des Arbeitgeberverbands. Der Tarifvertrag findet Anwendung.
Geschäftsjahr	1. Januar bis 31. Dezember
Bankverbindungen	Sparkasse Bayreuth BIC BYLADEM1SBT IBAN DE29 7735 0110 0001 5427 53 Postbank Nürnberg BIC PBNKDEFFXXX IBAN DE58 7601 0085 0013 4616 46
Produktprogramm (eigene Erzeugnisse)	• Konferenztische • Konferenzstühle • Besucherstühle • Bürostühle • Regalsysteme
Dienstleistungen	• Lieferung und Montage von Büromöbeln • Entsorgung von Altmöbeln
Handelswaren	• Warengruppe 1: Bürotechnik • Warengruppe 2: Büroeinrichtung • Warengruppe 3: Verbrauch • Warengruppe 4: Organisation
Fertigungsverfahren	Einzel- und Serienfertigung
Stoffe/Vorprodukte	• Rohstoffe: Holz, Furniere, Möbelbezugsstoffe, Scharniere • Hilfsstoffe: Lacke, Klebstoffe, Schrauben, Nägel • Betriebsstoffe: Strom, Gas, Wasser, Heizöl, Schmierstoffe • Vorprodukte: Türschlösser, Türknöpfe • Energie: Strom, Gas
Mitarbeiter	• Angestellte: 42 • Arbeiter: 98 • Auszubildende: 8 Ein Betriebsrat und eine Jugend- und Auszubildendenvertretung sind eingerichtet.

Bitte beachten Sie folgende Hinweise:
- In den Kontierungsaufgaben sind ausschließlich die vierstelligen Kontennummern aus dem beigefügten Auszug des Kontenplans der BüKo GmbH zu verwenden (→ Seiten 9–10).
- Werden Unterkonten im Kontenplan genannt, so ist auf diese Unterkonten zu buchen.
- Wenn nichts anderes vorgegeben ist, ist grundsätzlich aufwandsrechnerisch und netto zu buchen.

Aufgaben

15 Punkte

Aufgabe 1: Kundenbeziehungen, Kommunikation

Situation zu den Aufgaben 1.1 und 1.2

> Als Mitarbeiter/-in der BüKo GmbH führen Sie häufig Gespräche mit Kunden. Sie verfolgen das Ziel, in diesen Gespräche erfolgreich und kundenorientiert zu kommunizieren.

1.1 In der Gesprächsführung spielen neben den verbalen Elementen auch am Telefon nonverbale Elemente eine wichtige Rolle. Nennen Sie drei auditive und drei visuelle nonverbale Elemente der Kommunikation.

6 Punkte

1.2 Um eine positive Beziehung zum Gesprächspartner aufzubauen, sollte man durch „aktives Zuhören" wirkliches Interesse signalisieren und Verständnis für seine Position deutlich machen. Nennen Sie drei Merkmale für das „aktive Zuhören".

3 Punkte

1.3 Finden Sie für die folgenden drei in einem Kundengespräch getätigten Aussagen kundenorientierte Alternativen.

3 Punkte

Aussage	Kundenorientierte Alternative
„Bisher sind unsere Kunden mit diesem Artikel eigentlich immer sehr zufrieden gewesen."	
„Wenn Sie endlich Ihre offenen Rechnungen bezahlen, dann werden wir Ihnen auch Ihre Bestellung liefern."	
„Da kann ich Ihnen auch nicht helfen."	

1.4 Zur Professionalisierung des Beschwerdemanagements wird in der BüKo GmbH ein Projektteam gebildet. Erläutern Sie drei Voraussetzungen für eine erfolgreiche Teamarbeit.

3 Punkte

Aufgabe 2: Auftragsbearbeitung und -nachbereitung

20 Punkte

Situation zu den Aufgaben 2.1 bis 2.10

> Die BüKo GmbH erhält eine Anfrage von dem Büromöbelgroßhändler Schneider Möbelhandel OHG über die Lieferung von 150 Stück ihres selbst produzierten Regalsystems „Perfect Order". In der Datei „Debitoren" können Sie das Unternehmen Schneider Möbelhandel OHG nicht finden (siehe Auszug).

Auszug aus Datei „Debitoren"

Kd.-Nr.	Kunde	Straße	PLZ	Ort
2401	Hans Hase OHG	Fürther Str. 176	22307	Hamburg
2402	Leuchter GmbH	Leyher Str. 274	90431	Nürnberg
2403	Küchenland GmbH	Industriestr. 211	90431	Nürnberg
2404	Lux KG	Augsburger Str. 154	80337	München
2405	Meier & Partner KG	Offenbacher Landstr.	60599	Frankfurt
2406	Lumen GmbH	Veitshöchheimer Str. 7	97808	Würzburg
2407	Elektrogroßhandel Sommer	Siechenmarschstr. 23	33615	Bielefeld
2408	Küchenmeister GmbH	Hansestr. 174	51149	Köln
...				

1 Punkt

2.1 Erklären Sie die Begriffe „Debitoren" und „Kreditoren".

2 Punkte

2.2 Geben Sie vier erforderliche Tätigkeiten an, die vor der Erstellung eines Angebots an die Schneider Möbelhandel OHG erledigt werden sollten.

3 Punkte

2.3 Nennen Sie sechs Inhalte, die im Angebot an die Schneider Möbelhandel enthalten sein müssen.

4 Punkte

2.4 Da die BüKo GmbH derzeit noch nicht sicher ist, ob sie die Bedingungen ihres Angebots einhalten kann, soll das Angebot auch eine „Freizeichnungsklausel" enthalten. Erklären Sie, welche Funktion eine solche Freizeichnungsklausel hat, und nennen Sie drei konkrete Beispiele.

1 Punkt

2.5 Die Angebote der BüKo GmbH enthalten grundsätzlich die Standardformulierung: „Es gelten unsere beigefügten AGB." Erklären Sie die Bedeutung der Abkürzung AGB.

1 Punkt

2.6 Im Angebot an die Schneider Möbelhandel OHG ist für beide Vertragsparteien der Gerichtsstand Bayreuth festgelegt. Erläutern Sie die Bedeutung dieser Regelung für die BüKo GmbH.

1 Punkt

2.7 Hinsichtlich des Angebots an die Schneider Möbelhandel OHG entscheidet sich die BüKo GmbH für die Lieferbedingung „frei Haus". Als Zahlungsziel wird festgehalten: „30 Tage ab Rechnungsdatum".
Erklären Sie die Bedeutung der Formulierung „frei Haus".

3 Punkte

2.8 Angenommen, die BüKo GmbH hätte keinerlei Regelungen bezüglich der Liefer- und Zahlungsbedingungen getroffen und es gälten daher die gesetzlichen Regelungen.
Wie ist die gesetzliche Regelung bezüglich Leistungsort, Zahlungsort und Leistungszeit?

2.9 Ein Büromöbelgroßhändler Schneider Möbelhandel OHG nimmt das Regal in sein Sortiment auf und kalkuliert einen Angebotspreis für seine Kunden.
Er kalkuliert mit folgenden Daten:

- Listenpreis BüKo GmbH: 500,00 €
- Liefererrabatt: 10 %
- Liefererskonto: 2 %
- Bezugskosten: 39,00 €
- Handlungskosten: $16\,\tfrac{2}{3}\,\%$
- Gewinn: 8 %
- Vertreterprovision: 2 %
- Kundenskonto: 2 %
- Kundenrabatt: 10 %

4 Punkte

Berechnen Sie den Nettoverkaufspreis der Schneider Möbelhandel OHG für das Regalsystem „Perfect Order". Stellen Sie dazu auch das Kalkulationsschema der Handelskalkulation dar.

---

30 Punkte

Aufgabe 3: Personalbezogene Aufgaben

Situation zu den Aufgaben 3.1 bis 3.5

Als Personalsachbearbeiter/-in der BüKo GmbH sind Sie u. a. auch für die Entgeltabrechnung zuständig. Heute bearbeiten Sie die Gehaltsabrechnung der kaufmännischen Mitarbeiterin Barbara Höhn. Sie hat ein Bruttoeinkommen von 3 200,00 €, ist geschieden, hat zwei Kinder, die bei ihr wohnen, und ist Mitglied in der katholischen Kirche.

3.1 Nach welcher Steuerklasse sind die Einkünfte von Frau Höhn zu versteuern?

1 Punkt

3.2 Welche Abzüge sind von diesem Bruttoeinkommen abzuziehen? Geben Sie jeweils an, an wen die BüKo GmbH die entsprechenden Beträge abzuführen hat.

6 Punkte

3.3 Frau Höhn war aufgrund einer Schulterverletzung im vergangenen Jahr acht Wochen am Stück krankgeschrieben.
Stellen Sie dar, wer in diesem Zeitraum Zahlungen an Frau Höhn geleistet hat. Geben Sie jeweils die korrekte Bezeichnung der Zahlung an.

4 Punkte

3.4 Der Personalleiter äußert sich in einer Abteilungsbesprechung wie folgt: „Datensicherung und Datenschutz haben gerade für unsere Abteilung einen enormen Stellenwert!" Grenzen Sie die beiden Begriffe voneinander ab und erläutern Sie, was der Personalleiter mit seiner Aussage gemeint hat.

3 Punkte

3.5 Die meisten Daten, mit denen die Personalabteilung arbeitet, sind auch digital gespeichert. Nennen und erläutern Sie vier Maßnahmen, die bei der Organisation der elektronischen und automatisierten Datenverarbeitung getroffen werden müssen, um den Datenschutz zu gewährleisten.

4 Punkte

Situation zu den Aufgaben 3.6 bis 3.9

Sie sind als Mitarbeiter/-in der BüKo GmbH in der Lohnbuchhaltung eingesetzt und mit allen Aufgaben der Entgeltabrechnung betraut.

3.6 Sie haben die Gehaltsabrechnung eines Facharbeiters vorzunehmen, der einen Stundenlohn von 17,50 € erhält und im abzurechnenden Monat 174 Stunden gearbeitet hat. Er bewohnt eine Werkswohnung. Die Miete dafür (550,00 €/Monat) wird unmittelbar mit dem Lohn verrechnet.
Bringen Sie die folgenden Arbeitsschritte bei der Lohnabrechnung in die richtige Reihenfolge, indem Sie die Ziffern 1 bis 5 in die Kästchen neben den Arbeitsschritten eintragen.

5 Punkte

a) Berechnung des Nettolohns ☐

b) Ermittlung des Bruttolohns ☐

c) Berechnung der gesetzlichen Abzüge ☐

d) Berechnung des auszuzahlenden Betrags ☐

e) Abzug der Miete für die Werkswohnung ☐

3.7 Ein langjähriger Mitarbeiter erhält auf eigenen Wunsch einen Gehaltsvorschuss in Höhe von 500,00 € bar ausgezahlt.
Wie ist zu buchen? Tragen Sie die zutreffenden Kontennummern in die Kästchen ein.

2 Punkte

Soll		Haben	

3.8 Die BüKo GmbH überweist den Beitrag zur gesetzlichen Unfallversicherung der Arbeitnehmer.
Wie ist zu buchen? Tragen Sie die zutreffenden Kontennummern in die Kästchen ein.

2 Punkte

Soll		Haben	

1 Punkt

3.9 Welcher der nachstehenden Posten wird nicht vom Bruttolohn des Arbeitnehmers abgezogen?

(1) Kirchensteuer

(2) Solidaritätszuschlag

(3) Arbeitnehmeranteil zur gesetzlichen Krankenversicherung

(4) Arbeitnehmeranteil zur gesetzlichen Pflegeversicherung

(5) Beitrag zur gesetzlichen Unfallversicherung

1 Punkt

3.10 Im Januar kommenden Jahres wird der derzeitige Jugend- und Auszubildendenvertreter seine Ausbildung beenden. Aufgrund der Geschäftslage kann er danach nur für sechs Monate übernommen werden.
Entscheiden Sie, ob eine schriftliche Benachrichtigung des Auszubildenden erfolgen muss.

(1) Eine schriftliche Benachrichtigung ist nicht erforderlich, da das Ende der Berufs-ausbildung durch das Berufsbildungsgesetz eindeutig geklärt ist. Für die Folge-zeit wird ein befristetes Arbeitsverhältnis vertraglich neu geregelt.

(2) Eine schriftliche Benachrichtigung muss auf jeden Fall erfolgen, da sonst nach der Berufsausbildung ein unkündbares Arbeitsverhältnis zwischen dem Ausge-bildeten und der BüKo GmbH entstehen würde.

(3) Eine schriftliche Benachrichtigung kann unterbleiben, wenn der Auszubildende rechtzeitig vor Beendigung des Ausbildungsverhältnisses einen schriftlichen Antrag auf Weiterbeschäftigung stellt.

(4) Eine schriftliche Benachrichtigung ist überflüssig, wenn die befristete Über-nahme aller Auszubildenden der BüKo GmbH durch eine Betriebsvereinbarung eindeutig geregelt ist.

(5) Eine schriftliche Benachrichtigung muss auf jeden Fall erfolgen, da sonst ein un-befristetes Arbeitsverhältnis zwischen dem Ausgebildeten und der BüKo GmbH entstehen würde.

1 Punkt

3.11 Eine Mitarbeiterin legt Ihnen als Sachbearbeiter/-in in der Personalabteilung eine ärztliche Bescheinigung vor, die ihre Schwangerschaft bestätigt. Sie möchte Aufklärung über Bestimmungen aus dem Mutterschutzgesetz.
Welche Auskunft entspricht nicht den Regelungen des Mutterschutzgesetzes?

(1) Werdende Mütter dürfen in den letzten sechs Wochen vor der Entbindung nicht beschäftigt werden, es sei denn, sie erklären sich zur Arbeitsleistung ausdrück-lich bereit.

(2) Werdende Mütter müssen bis spätestens zu Beginn des dritten Schwanger-schaftsmonats dem Arbeitgeber ihre Schwangerschaft und den voraussichtli-chen Tag der Entbindung mitteilen.

(3) Wöchnerinnen dürfen bis zum Ablauf von acht Wochen nach der Entbindung nicht beschäftigt werden.

(4) Stillenden Müttern ist auf ihr Verlangen die zum Stillen erforderliche Zeit, mindestens aber zweimal täglich 0,5 Stunden oder einmal täglich 1 Stunde, freizugeben.

(5) Die Kündigung einer Frau während der Schwangerschaft bis zum Ablauf von sechs Monaten nach der Entbindung ist unzulässig, wenn dem Arbeitgeber zum Zeitpunkt der Kündigung die Schwangerschaft bzw. die Entbindung bekannt ist.

Aufgabe 4: Kaufmännische Steuerung und Kontrolle (Kosten- und Leistungsrechnung/ Controlling)

17 Punkte

Situation zu den Aufgaben 4.1 bis 4.5

Die BüKo GmbH denkt darüber nach, intensivere Geschäftsbeziehungen mit der Bürowelt GmbH einzugehen. Dazu sollen die folgenden Bilanzdaten der Bürowelt GmbH analysiert werden.

Aktiva	Bilanz der Bürowelt GmbH zum 31.12.20..		Passiva
I. Anlagevermögen		I. Eigenkapital	
1. Gebäude	569 700,00 €	II. Fremdkapital	
2. Maschinen	159 500,00 €	1. Bankverbindlichkeiten	532 250,00 €
3. Fuhrpark	160 400,00 €	2. Verbindlichkeiten a. LL.	552 900,00 €
4. BGA	187 000,00 €		
II. Umlaufvermögen			
1. Roh-, Hilfs- und Betriebsstoffe	132 250,00 €		
2. Eigene Erzeugnisse	196 850,00 €		
3. Handelswaren	206 220,00 €		
4. Forderungen a. LL.	127 015,00 €		
5. Kassenbestand	593,00 €		
6. Bankguthaben	5 697,00 €		

4.1 Berechnen Sie die Bilanzsumme.

1 Punkt

4.2 Ermitteln Sie die Höhe des Eigenkapitals.

1 Punkt

4.3 Berechnen Sie die Eigenkapitalquote.

1 Punkt

4.4 Berechnen Sie die Anlagenintensität.

1 Punkt

4.5 Berechnen Sie die Forderungsquote.

1 Punkt

Tabelle zu den Aufgaben 4.6 und 4.7

Rechnungskreis I			Rechnungskreis II					
Erfolgsbereich der Geschäftsbuchführung (GB) (Erfolgsrechnung)			Abgrenzungsbereich (Abgrenzungsrechnung)				KLR-Bereich (Betriebsergebnis-rechnung)	
Aufwands- und Ertragsarten der Klassen 5, 6 und 7			Unternehmensbez., betriebsfremde Abgrenzungen (Kto.-Gruppe 90)		Kostenrechnerische Korrekturen (Kto.-Gruppe 91)		Kosten- und Leistungsarten (Kto.-Gruppe 92)	
Kto. Nr.	Aufwen-dungen	Erträge	Aufwen-dungen	Erträge	Betriebsbez. Aufwendg. lt. GB	Verrechnete Kosten lt. KLR	Kosten	Leistungen
	A	B	C	D	E	F	G	H

2 Punkte

4.6 In der BüKo GmbH soll eine Abgrenzungsrechnung vorgenommen werden. Kennzeichnen Sie mithilfe der oben stehenden Tabelle durch die Vergabe der Ziffern 1 bis 5 die Reihenfolge der Arbeitsschritte bei der Erstellung einer Ergebnistabelle.

a) Vornahme der kostenrechnerischen Korrekturen ☐

b) Zuordnung der neutralen Aufwendungen und Erträge zum Abgrenzungsbereich und der betrieblichen Aufwendungen und Erträge zum Kosten- und Leistungsbereich ☐

c) Kontrolle der Ergebnisse durch Aufstellen der Gleichung: Gesamtergebnis = Betriebsergebnis + Ergebnis aus der unternehmensbezogenen Abgrenzung + Ergebnis aus den kostenrechnerischen Korrekturen ☐

d) Berechnung der Ergebnisse im Erfolgsbereich der Geschäftsbuchhaltung, im Abgrenzungsbereich, im Bereich kostenrechnerische Korrekturen und im Kosten- und Leistungsbereich ☐

e) Übertragung der Salden der Erfolgskonten aus der GuV in die Ergebnistabelle ☐

1 Punkt

4.7 Wie wird das Konto „5600 Erträge aus anderen Finanzanlagen" erfasst?

(1) nur in der Spalte B

(2) in den Spalten B und D

(3) in den Spalten B und E

(4) in den Spalten B und F

(5) in den Spalten B und H

1 Punkt

4.8 Warum führt die BüKo GmbH einen Betriebsabrechnungsbogen (BAB)?

(1) um den Preis für ein Produkt zu kalkulieren

(2) um die Richtigkeit der Lohnabrechnung nachzuweisen

(3) um die Gemeinkosten auf die Kostenstellen zu verteilen

(4)   um die Rentabilität des Betriebes zu ermitteln

(5)   um die Einzelkosten zu ermitteln

4.9   Welche Kostenart zählt in der Kosten- und Leistungsrechnung zu den Einzelkosten?

> 1 Punkt

(1)   Rohstoffverbrauch

(2)   Gehälter der Angestellten

(3)   Bürokosten

(4)   Abschreibungen auf Maschinen

(5)   Kosten der Hausverwaltung

4.10   Ordnen Sie aus den fünf Kostenbegriffen jeweils den zutreffenden Begriff den genannten Erklärungen zu.

> 3 Punkte

(1)   progressive Kosten

(2)   Gemeinkosten

(3)   fixe Kosten

(4)   degressive Kosten

(5)   Einzelkosten

Einem Kostenträger nicht direkt zurechenbare Kosten ☐

Bei zunehmender Ausbringung steigen sie langsamer an als der Beschäftigungsgrad. ☐

Die Höhe der Kosten ist von der Menge der hergestellten Erzeugnisse unabhängig. ☐

4.11   Ermitteln Sie aus den folgenden Zahlenwerten die Herstellkosten der Rechnungsperiode.

> 2 Punkte

Bezeichnung	Ist-Kosten
Fertigungsmaterial	220 000,00 €
+ Materialgemeinkosten (10 %)	€
Fertigungslöhne	110 000,00 €
+ Fertigungsgemeinkosten (10 %)	€
+ Sondereinzelkosten der Fertigung	8 100,00 €

4.12   Nennen Sie zwei konkrete Beispiele für eine allgemeine Kostenstelle.

> 2 Punkte

18 Punkte

Aufgabe 5: Kaufmännische Steuerung und Kontrolle (Buchführung)

Hinweis: Verwenden Sie zur Bearbeitung der Aufgabe den Kontenplan auf den Seiten 9–10.

Situation zu den Aufgaben 5.1 bis 5.3

Die BüKo GmbH hat am 4. des Monats bei der Karl Krux KG Heizöl bestellt. Sie sind für die Bearbeitung des Geschäftsfalls verantwortlich. Es liegt Ihnen der folgende Beleg zur Bearbeitung vor.

Beleg zu Aufgabe 5.1 bis 5.3

Karl Krux KG Kulmbach

Karl Krux KG • Industriestraße 116 • 95317 Kulmbach

BüKo GmbH
Ludwig-Thoma-Straße 47
95447 Bayreuth

Ihr Zeichen: me
Ihre Nachricht vom: 03.05.20..
Unser Zeichen: sh
Unsere Nachricht vom:

Name: Frau Schneider
Telefon: 09221 9071-18
Telefax: 09221 9071-181

> Eingegangen am
> 10. Mai 20..
> BüKo GmbH

Lieferschein/Rechnung

Rechnungs-Nummer 123456	Kunden-Nr. 007.893	Rechnungsdatum 05.05.20..
Ihre Auftrags-Nummer Zi. 67-00	Ihr Auftragsdatum 03.05.20..	Unsere Lieferung vom 05.05.20..

Wir lieferten Ihnen heute frei Haus:

Pos.	Menge	Artikelbezeichnung	Einzelpreis je Einheit in €	Gesamtpreis in €
1	5 400 Liter	Leichtes Heizöl RL	0,87	4 698,00
			Summe	4 698,00
			19 % USt	892,62
			Gesamt	5 590,62

> Beachten Sie unsere Sommerrabatte der Monate Juni und Juli!
> **Sie sparen 20 %!**

Begleichen Sie bitte den Rechnungsbetrag innerhalb von 14 Tagen nach Rechnungsdatum durch Zahlung auf unser Konto DE61 7607 0024 0000 3457 8911 01, Deutsche Bank Kulmbach.

USt-IdNr.: DE719329015, Steuer-Nr.: 312/978/63015

5.1 Sie sollen die Rechnung Nr. 123456 prüfen. Welche weiteren Unterlagen müssen Sie sich zurechtlegen?

(1) Lieferschein, Anfrage, Angebot

(2) Lieferschein, Auftragsbestätigung, Angebot

(3) Wareneingangsmeldung, Anfrage, Angebot

(4) Angebot, Wareneingangsmeldung, Anfrage

(5) Anfrage, Angebot, Bestellung

5.2 Sie haben die sachliche und rechnerische Richtigkeit der Rechnung Nr. 123456 festgestellt. Wie müssen Sie nun die Eingangsrechnung buchen?

Soll		Haben	

5.3 Sie sollen noch am 15. Mai die Rechnung Nr. 123456 begleichen und prüfen, ob Sie den Rechnungsbetrag kürzen dürfen. Wie müssen Sie entscheiden?

(1) Der gesamte Rechnungsbetrag ist ohne Abzüge fällig, da die gesetzliche Skontofrist bereits abgelaufen ist.

(2) Skonto kann grundsätzlich nur vom Nettobetrag abgezogen werden.

(3) Der Rechnungsbetrag ist um die angekündigten Sommerrabatte zu kürzen und im kommenden Monat zu begleichen.

(4) Der Rechnungsbetrag ist ungekürzt zu begleichen, falls keine Beanstandung der Lieferung erfolgte.

(5) Der Rechnungsbetrag wird innerhalb von 14 Tagen beglichen, daher wird unter Abzug von 2 % Skonto bezahlt.

Situation zu den Aufgaben 5.4 bis 5.8

Bei der Fränkischen Holzhandelsgesellschaft mbH hat die BüKo GmbH Tischplatten aus Ahorn bestellt, die per Speditionsfracht angeliefert wurden. Zur Bearbeitung des Geschäftsfalls liegen Ihnen die Belege mit den internen Nummern ER 0105134 sowie ER 0105167 und der Kontoauszug 57 vor.

Beleg zur Aufgabe 5.4

Fränkische Holzhandelsgesellschaft mbH Nürnberg

Fränkische Holzhandelsgesellsch. mbH • Hornstraße 36 • 90402 Nürnberg

BüKo GmbH
Ludwig-Thoma-Straße 47
95447 Bayreuth

Ihr Zeichen: me
Ihre Nachricht vom: 15.04.20..
Unser Zeichen: fle
Unsere Nachricht vom:

Name: Herr Fleischmann
Telefon: 0911 23556-0
Telefax: 0911 23556-11

ER 0105134
Eingegangen am
4. Mai 20..
BüKo GmbH

Lieferschein/Rechnung

Lieferschein-Nr. 630258/B

Bestelldatum: 15.04.20..

Rechnungs-Nummer	Kunden-Nr.	Rechnungsdatum	Bestell-Nr.
76351	3024371	02.05.20..	33571

Pos.	Artikelnummer	Artikelbezeichnung	Menge	Einzelpreis €	Gesamtpreis €
1	B 573802	Tischplatten Buche 120 x 120 abzgl. 10 % Rabatt	60	69,95	4 197,00 419,70
				Summe	3 777,30
				19 % USt	717,69
				Gesamt	4 494,99

Bei Zahlung innerhalb von zehn Tagen ab Rechnungsdatum mit 2 % Skonto, innerhalb von 30 Tagen netto

Zahlung auf unser Konto DE88 7608 0040 0124 2531 39, Commerzbank Nürnberg.

USt-IdNr.: DE130629812, Steuer-Nr.: 201/156/07265

2 Punkte

5.4   Wie müssen Sie die abgebildete Eingangsrechnung ER 0105134 buchen?
Tragen Sie die zutreffenden Kontennummern in die Kästchen ein.

Soll		Haben
☐☐☐☐☐ ☐☐☐☐☐	☐☐☐☐☐	☐☐☐☐

Beleg zur Aufgabe 5.5

Spedition Stürmer Transporte
Vera Stürmer KG

Vera Stürmer KG – Am Wallgraben 14 – 63739 Aschaffenburg

BüKo GmbH
Ludwig-Thoma-Straße 47
95447 Bayreuth

Ihr Zeichen: mue
Ihre Nachricht vom: 15.04.20..
Unser Zeichen: hei
Unsere Nachricht vom:

Name: Herr Heider
Telefon: 06021 28227-0
Telefax: 06021 28227-19

ER 0105167
Eingegangen am
10. Mai 20..
BüKo GmbH

Rechnung

Rechnungs-Nr.	Kunden-Nr.	Rechnungsdatum
105187	4839	07.05.20..

Konzess.	Tour/Tag	Text	Inland	Ausland
5674	28.04.20..	Frachtbrief 687/564/2 Sammelladung Nürnberg - Bayreuth	238,30	

Inland €	USt €	Zwischensumme €	Ausland €	Zu zahlender Betrag €
238,30	45,28	283,58		283,58

Zahlbar ab sofort netto Kasse

USt-IdNr.: DE720126981, Steuer-Nr.: 103/197/86571
Erfüllungsort und Gerichtsstand: Aschaffenburg
Bankverbindung: Sparkasse Aschaffenburg, IBAN DE23 7955 0000 1432 8561 23

5.5   Wie müssen Sie die abgebildete Eingangsrechnung ER 0105167 buchen?
Tragen Sie die zutreffenden Kontennummern in die Kästchen ein.

2 Punkte

Soll | Haben

2 Punkte

5.6 Wie müssen Sie den unten abgebildeten Kontoauszug 57 buchen?
Tragen Sie die zutreffenden Kontennummern in die Kästchen ein.

Soll | | | **Haben**

| | | | | | | | | | | | | | | | | | | | | | | | |

Kontoauszug vom 09.05.20..				Sparkasse Bayreuth	
Auszug		Geschäftsstelle	Währung	Soll	Haben
57		Ludwig-Thoma-Straße	€		**19 975,00**
Buchungstag	Wir haben für Sie gebucht		Wert	Umsätze	
08	05	Südd. Holzhandelsgesellschaft mbH Re.-Nr. 76351 vom 02.05.. Kd.-Nr. 3023471	08	05	4 405,09
	IBAN	DE29 7735 0110 0001 5427 53			
BüKo GmbH Ludwig-Thoma-Straße 47 95447 Bayreuth			Neuer Kontostand		**15 569,91**

2 Punkte

5.7 Berechnen Sie anhand der vorliegenden drei Belege (siehe Situation) den Einstandspreis/Bezugspreis (netto) in Euro für die Holzplatten Buche.

2 Punkte

5.8 Wie müssen Sie den unten abgebildeten Kontoauszug 58 buchen?
Tragen Sie die zutreffenden Kontennummern in die Kästchen ein.

Soll | | **Haben**

| | | | | | | | | | | | | | | | | | | | |

Kontoauszug vom 09.05.20..				Sparkasse Bayreuth	
Auszug		Geschäftsstelle	Währung	Soll	Haben
58		Ludwig-Thoma-Straße	€		**15 569,91**
Buchungstag	Wir haben für Sie gebucht		Wert	Umsätze	
09	05	Barmer Ersatzkasse Sozialversicherungsbeiträge April 20..	09	05	14 328,54
	IBAN	DE29 7735 0110 0001 5427 53			
BüKo GmbH Ludwig-Thoma-Straße 47 95447 Bayreuth			Neuer Kontostand		**1 241,37**

5.9 Welchem Geschäftsfall liegt der Buchungssatz „2800 Guthaben bei Kreditinstituten an 2600 Vorsteuer" zugrunde?

`1 Punkt`

(1) Das Vorsteuerkonto wird abgeschlossen.

(2) Die Zahllast wird passiviert.

(3) Der Vorsteuerüberhang wird aktiviert.

(4) Der Vorsteuerüberhang wird vom Finanzamt erstattet.

(5) Die Zahllast wird an das Finanzamt überwiesen.

5.10 Aufgrund einer berechtigten Reklamation gewährt die BüKo GmbH einem Kunden einen Nachlass von 52,50 €. Der Kunde zahlte dann für die Ware 262,50 €.
Wie viel Prozent betrug der Nachlass?

`2 Punkte`

5.11. Der Nettoumsatz für Schreibtische hat sich gegenüber dem Vorjahr um 17 % auf 875 160,00 € erhöht.
Wie hoch war der Nettoumsatz im Vorjahr in Euro?

`1 Punkt`

4. Prüfung

Sie sind Mitarbeiter/-in in der BüKo GmbH (siehe nachfolgende Unternehmensbeschreibung).

Beschreibung des Unternehmens

Firma	BüKo GmbH, Büroeinrichtungs- und Kommunikationssysteme
Geschäftszweck	Herstellung und Vertrieb von Büroeinrichtungs- und Kommunikationssystemen
Geschäftssitz	Ludwig-Thoma-Str. 47, 95447 Bayreuth
Registergericht	Amtsgericht Bayreuth HR B 345-0815 USt-IdNr.: DE999666333 Die BüKo GmbH ist Mitglied des Arbeitgeberverbands. Der Tarifvertrag findet Anwendung.
Geschäftsjahr	1. Januar bis 31. Dezember
Bankverbindungen	Sparkasse Bayreuth BIC BYLADEM1SBT IBAN DE29 7735 0110 0001 5427 53 Postbank Nürnberg BIC PBNKDEFFXXX IBAN DE58 7601 0085 0013 4616 46
Produktprogramm (eigene Erzeugnisse)	• Konferenztische • Konferenzstühle • Besucherstühle • Bürostühle • Regalsysteme
Dienstleistungen	• Lieferung und Montage von Büromöbeln • Entsorgung von Altmöbeln
Handelswaren	• Warengruppe 1: Bürotechnik • Warengruppe 2: Büroeinrichtung • Warengruppe 3: Verbrauch • Warengruppe 4: Organisation
Fertigungsverfahren	Einzel- und Serienfertigung
Stoffe/Vorprodukte	• Rohstoffe: Holz, Furniere, Möbelbezugsstoffe, Scharniere • Hilfsstoffe: Lacke, Klebstoffe, Schrauben, Nägel • Betriebsstoffe: Strom, Gas, Wasser, Heizöl, Schmierstoffe • Vorprodukte: Türschlösser, Türknöpfe • Energie: Strom, Gas
Mitarbeiter	• Angestellte: 42 • Arbeiter: 98 • Auszubildende: 8 Ein Betriebsrat und eine Jugend- und Auszubildendenvertretung sind eingerichtet.

Bitte beachten Sie folgende Hinweise:
- In den Kontierungsaufgaben sind ausschließlich die vierstelligen Kontennummern aus dem beigefügten Auszug des Kontenplans der BüKo GmbH zu verwenden (→ Seiten 9–10).
- Werden Unterkonten im Kontenplan genannt, so ist auf diese Unterkonten zu buchen.
- Wenn nichts anderes vorgegeben ist, ist grundsätzlich aufwandsrechnerisch und netto zu buchen.

Aufgaben

Aufgabe 1: Kundenbeziehungen, Kommunikation

16 Punkte

Situation zu den Aufgaben 1.1 bis 1.3

Ein Kunde der BüKo GmbH reklamiert bei Ihnen einen Hängeregisterschrank, der nur noch schwer zu öffnen ist. Er hat den Artikel vor acht Wochen gekauft und legt die entsprechende Rechnung und den Zahlungsbeleg vor.

1.1 Der Kunde ist sichtlich ungehalten darüber, dass der Hängeregisterschrank bereits nach so kurzer Zeit nicht mehr funktioniert, und äußert Ihnen gegenüber lautstark seinen Unmut.

Schildern Sie drei mögliche Verhaltensweisen, wie Sie auf die Beschwerde des Kunden angemessen reagieren.

6 Punkte

1.2 Im Zuge des Gesprächs äußert der aufgebrachte Kunde den erkennbar ironisch gemeinten Satz:

„Qualität wird bei der BüKo ja offensichtlich ganz großgeschrieben!"

Nach dem Kommunikationsmodell von Schulz von Thun beinhaltet jede kommunizierte Botschaft vier verschiedene Aspekte. Benennen Sie die vier Aspekte einer Nachricht und erläutern Sie diese anhand der Äußerung des Kunden.

8 Punkte

1.3 Wie lösen Sie die vorliegende Situation, wenn Sie kundenorientiert vorgehen?

2 Punkte

Aufgabe 2: Auftragsbearbeitung und -nachbereitung

19 Punkte

Situation zu den Aufgaben 2.1 bis 2.5

Die BüKo GmbH hat sieben Schreibtische „Smart Solution" an den Kunden Hausmann OHG verkauft. Den genauen Auftragsvorgang können Sie der folgenden Übersicht entnehmen.

Datum	Vorgang
09.03.20..	Anfrage der Hausmann OHG an die BüKo GmbH über die Lieferung von sieben Schreibtischen „Smart Solution".
13.03.20..	Schriftliches, „freibleibendes" Angebot der BüKo GmbH mit Liefertermin 31.03.20..
15.03.20..	Bestellung per Fax an die BüKo GmbH gemäß Angebot
17.03.20..	Auftragsbestätigung der BüKo GmbH mit Liefertermin 31.03.20..
03.04.20..	Mahnung der Hausmann OHG mit Nachfristsetzung bis zum 11.04.20..
10.04.20..	Auslieferung der Schreibtische an die Hausmann OHG
11.04.20..	Rechnungsausgang an die Hausmann OHG
13.04.20..	Rechnungsausgleich durch die Hausmann OHG und Zahlungseingang bei der BüKo GmbH

2.1 Stellen Sie fest, an welchem Tag der Kaufvertrag zwischen der BüKo GmbH und der Hausmann OHG zustande gekommen ist.

1 Punkt

2.2 Ab welchem Tag befindet sich die BüKo GmbH in Lieferungsverzug?

1 Punkt

2.3 Welche Rechte hätte die Hausmann OHG, wenn die BüKo GmbH die Nachfrist nicht einhalten würde? Geben Sie zwei Rechte an.

2 Punkte

2 Punkte

2.4 Welche Rechte könnte die Hausmann OHG auch ohne das Setzen einer Nachfrist geltend machen? Geben Sie zwei Rechte an.

1 Punkt

2.5 In ihren AGB hat die BüKo GmbH einen einfachen Eigentumsvorbehalt festgelegt. Erläutern Sie, welche Bedeutung diese Regelung hat.

1 Punkt

2.6 An welchem Tag wird die Hausmann OHG aufgrund dieses Eigentumsvorbehalts Eigentümer der sieben Schreibtische?

2.7 Der BüKo GmbH werden Schreibtischstühle zum Listeneinkaufspreis von 385,00 € als Handelsware angeboten. Der Lieferant gewährt der BüKo GmbH einen Liefererrabatt von 40 % und ein Liefererskonto von 3 %.
Zu welchem Verkaufspreis kann das Unternehmen die Schreibtischstühle anbieten, wenn es mit 4,93 € Bezugskosten, 25 % Handlungskosten, 5 % Gewinn, 5 % Vertreterprovision, 2 % Kundenskonto und 25 % Kundenrabatt kalkuliert?
Stellen Sie das Kalkulationsschema vollständig dar.

5 Punkte

6 Punkte

2.8 Ein Händler kalkuliert mit 50 % Handlungskosten, 10 % Gewinn, 20 % Kundenrabatt und 2 % Kundenskonto.
Berechnen Sie den Kalkulationsfaktor, den Kalkulationszuschlag und die Handelsspanne.

30 Punkte

Aufgabe 3: Personalbezogene Aufgaben

Situation zu den Aufgaben 3.1 bis 3.5

Als Mitarbeiter/-in der Personalabteilung der BüKo GmbH wirken Sie bei der Besetzung einer neuen Stelle für eine Fachkraft für Arbeitssicherheit und Gesundheitsschutz mit. Nachdem eine interne Stellenbesetzung nicht möglich war, hat die Geschäftsleitung der BüKo GmbH in Abstimmung mit dem Betriebsrat eine Stellenanzeige geschaltet, um die Stelle mit einem externen Bewerber zu besetzen.

3 Punkte

3.1 Die BüKo GmbH hatte zunächst versucht, die Stelle intern zu besetzen. Erläutern Sie drei Vorteile einer internen Stellenbesetzung.

3 Punkte

3.2 Nennen Sie drei Möglichkeiten, wie Sie anhand der Bewerbungsunterlagen die Eignung der Bewerber für die Stelle feststellen können.

3.3 Nachdem die interne Stellenausschreibung keinen geeigneten Bewerber hervorgebracht hat, entscheidet sich die BüKo GmbH, im „Nordbayerischen Kurier" eine Stellenanzeige zu schalten. Als Reaktion auf die Stellenanzeige erhält die BüKo GmbH insgesamt 21 Bewerbungen.
Erläutern Sie anhand von fünf konkreten Schritten, wie das weitere Vorgehen bei der Bewerberauswahl bis zur Entscheidung für einen Bewerber zu gestalten ist.

5 Punkte

3 Punkte

3.4 Erläutern Sie drei konkrete Maßnahmen, die Sie von der neuen Fachkraft für Arbeitssicherheit und Gesundheitsschutz zur Verbesserung der Arbeitssicherheit in der BüKo GmbH erwarten.

3.5 Als Mitarbeiter/-in der Personalabteilung haben Sie die Aufgabe, die Entwicklung des Krankenstandes der BüKo GmbH zu überprüfen. Der durchschnittliche Krankenstand der Mitarbeiter hat sich im vergangenen Jahr wie folgt entwickelt (Angaben in Prozent):

Jan.	Feb.	Mrz.	Apr.	Mai	Jun.	Jul.	Aug.	Sep.	Okt.	Nov.	Dez.
5,8	5,7	4,3	4,1	3,4	2,3	1,7	1,6	2,1	2,4	3,9	4,1

Berechnen Sie den durchschnittlichen monatlichen Krankenstand der BüKo GmbH im vergangenen Jahr (in Prozent) und beschreiben Sie den Verlauf der Krankenquote im Laufe des vergangenen Jahres. Gehen Sie dabei auch auf mögliche Ursachen für die Schwankungen ein.

4 Punkte

3.6 Erläutern Sie drei mögliche betriebliche Ursachen, die zu einem Anstieg des Krankenstandes führen können.

3 Punkte

3.7 Der Lagerarbeiter Hofmann verletzte sich beim Entladen eines Lkw, der Holz angeliefert hatte. Laut ärztlicher Bescheinigung, die er einen Tag nach dem Unfall im Personalbüro vorlegt, ist er voraussichtlich vier Tage arbeitsunfähig.
Was müssen Sie bei der Bearbeitung der Meldung beachten?

1 Punkt

(1) Sie melden den Arbeitsunfall innerhalb von sieben Tagen an die Berufsgenossenschaft.

(2) Sie sammeln die Unfallmeldungen und leiten diese am Jahresende an das Gewerbeaufsichtsamt weiter.

(3) Sie melden den Arbeitsunfall innerhalb von drei Tagen an die zuständige Berufsgenossenschaft.

(4) Sie melden den Arbeitsunfall erst, wenn der Verunglückte eine Verlängerung der Arbeitsunfähigkeit über eine Woche hinaus vorlegt.

(5) Sie melden den Unfall sofort der zuständigen Polizeibehörde.

3.8 Bei Beendigung der Ausbildungszeit hat der Auszubildende Anspruch auf ein Ausbildungszeugnis. Welches Kriterium dürfen Sie bei der Erstellung eines solchen Zeugnisses <u>nicht</u> aufnehmen?

1 Punkt

(1) besondere geistige Fähigkeiten

(2) außergewöhnliche Fachkenntnisse im EDV-Bereich

(3) Grad der Behinderung

(4) allgemeines Arbeitsverhalten

(5) Sozialverhalten gegenüber dem Vorgesetzten

3.9 Eine Auszubildende bekommt im zweiten Ausbildungsjahr ein Kind. Sie teilt der Personalabteilung mit, dass sie zwei Jahre Erziehungsurlaub in Anspruch nehmen will. Welche Auswirkungen hat diese Entscheidung auf das Ausbildungsverhältnis?

1 Punkt

(1) Das Ausbildungsverhältnis endet nach Ablauf der Mutterschutzfristen.

(2) Das Ausbildungsverhältnis endet zum Ablauf der vereinbarten Vertragsdauer.

(3) Das Ausbildungsverhältnis endet mit einer Frist von vier Wochen nach Antrag auf den Erziehungsurlaub.

(4) Das Ausbildungsverhältnis ruht bis zum Ablauf des beantragten Erziehungsurlaubs.

(5) Das Ausbildungsverhältnis läuft vertragsgemäß weiter. Die Auszubildende muss sich die für die Prüfung erforderlichen Kenntnisse in einer überbetrieblichen Einrichtung aneignen.

1 Punkt

3.10 Anlässlich einer Betriebsversammlung wird über Neuregelungen für die Belegschaft informiert.
Bei welchem Punkt wird über eine Betriebsvereinbarung berichtet?

(1) Die BüKo GmbH stellt einem Zulieferungsbetrieb die eigene Lehrwerkstatt für den Werkunterricht unentgeltlich zur Verfügung.

(2) Die Mitarbeiter der BüKo GmbH erhalten die Gehaltserhöhungen rückwirkend für den Werkunterricht unentgeltlich zur Verfügung.

(3) Ein neu gewähltes Betriebsratsmitglied wird zu einem Betriebsverfassungsseminar freigestellt.

(4) Die BüKo GmbH und die zuständige Gewerkschaft vereinbaren die Herabsetzung der Wochenarbeitszeit.

(5) Die BüKo GmbH und der Betriebsrat einigen sich über die Einführung der Gleitzeit und legen das Ergebnis schriftlich nieder.

3 Punkte

3.11 In der BüKo GmbH finden unterschiedliche Arbeitsentgeltformen Anwendung.
Ordnen Sie zu, indem Sie die Buchstaben von drei der insgesamt sechs Formen des Arbeitsentgeltes in die Kästchen bei den Beispielen eintragen.

(1) Provision

(2) Zeitlohn

(3) Akkordlohn

(4) Prämienlohn

(5) Erfolgsbeteiligung

(6) Fixum

Bezahlung ausschließlich nach Ist-Leistungen ☐

prozentuale Beteiligung am Umsatz ☐

Ausgabe von Belegschaftsaktien ☐

1 Punkt

3.12 In Ihrem Unternehmen verwalten Sie als Personalsachbearbeiter/-in die Personalakten.
An welchen Grundsatz müssen Sie sich halten?

(1) Jeder Mitarbeiter eines Unternehmens hat das Recht, seine Personalakte einzusehen.

(2) Die Personalabteilung darf für leitende Mitarbeiter jeweils mehrere Akten anlegen.

(3) Beurteilungen dürfen nur mit Zustimmung des Mitarbeiters erstellt werden.

(4) Abmahnungen dürfen nur mit Zustimmung des Betriebsrates aus der Personalakte entfernt werden.

(5) Nach Ausscheiden eines Mitarbeiters muss seine Personalakte vernichtet werden.

3.13 Die Mitarbeiterin Birgit Zehnter ist laut einer vorliegenden ärztlichen Bescheinigung seit zwei Wochen arbeitsunfähig. Sie fragt telefonisch bei Ihnen im Personalbüro an, wie lange sie ihr Arbeitsentgelt von der BüKo GmbH bei einer eventuellen Verlängerung der Arbeitsunfähigkeit bezieht.
Welche Auskunft erteilen Sie ihr?

1 Punkt

(1) Das Arbeitsentgelt wird unbegrenzt weiterbezahlt.

(2) Das Arbeitsentgelt wird vier Wochen ausbezahlt, danach erhält sie Krankengeld.

(3) Frau Heinrich erhält kein Arbeitsentgelt, sondern ab dem ersten Tag Krankengeld, da ein ärztliches Attest vorliegt.

(4) Das Arbeitsentgelt wird insgesamt bis zur Dauer von sechs Wochen durch die BüKo GmbH weiterbezahlt.

(5) Nach Beendigung der Arbeitsunfähigkeit wird das Arbeitsentgelt für die gesamte Abwesenheit nachbezahlt.

Aufgabe 4: Kaufmännische Steuerung und Kontrolle (Kosten- und Leistungsrechnung/ Controlling)

15 Punkte

Situation zu den Aufgaben 4.1 bis 4.3

Das Controlling der BüKo GmbH analysiert die folgenden Zahlen zur Produktion des Regalsystem „Maximizer" (siehe Tabelle). Die Geschäftsführung erwartet eine verkürzte Zusammenfassung der Zahlen. Sie werden beauftragt, die entsprechenden Berechnungen vorzunehmen.

Ausbringungsmenge (Stück)	Fixe Kosten (€)	Variable Kosten (€)	Gesamtkosten (€)	Erlöse (€)	Gewinn/ Verlust (€)
0	23 000,00	0,00	23 000,00	0,00	−23 000,00
100	23 000,00	6 000,00	29 000,00	11 500,00	−17 500,00
200	23 000,00	12 000,00	35 000,00	23 000,00	−12 000,00
300	23 000,00	18 000,00	41 000,00	34 500,00	−6 500,00
400	23 000,00	24 000,00	47 000,00	46 000,00	−1 000,00
500	23 000,00	30 000,00	53 000,00	57 500,00	4 500,00
600	23 000,00	36 000,00	59 000,00	69 000,00	10 000,00
700	23 000,00	42 000,00	65 000,00	80 500,00	15 500,00
800	23 000,00	48 000,00	71 000,00	92 000,00	21 000,00
900	23 000,00	54 000,00	77 000,00	103 500,00	26 500,00
1 000	23 000,00	60 000,00	83 000,00	115 000,00	32 000,00

4.1 Berechnen Sie die variablen Stückkosten in Euro.

2 Punkte

4.2 Berechnen Sie den Deckungsbeitrag je Stück in Euro.

2 Punkte

2 Punkte

4.3 Berechnen Sie die Stückzahl, bei der die Gewinnschwelle (Break-even-Point) liegt (auf volle Stückzahl aufgerundet).

Situation zu den Aufgaben 4.4 und 4.5

Für einen Auftrag der BüKo GmbH wurden 3 200,00 € für Fertigungsmaterial verbraucht. Die Lohnkosten schlüsseln sich wie folgt auf:
- 250 Stunden zu je 16,00 €/Stunde
- 100 Stunden zu je 12,50 €/Stunde
- 90 Stunden zu je 14,00 €/Stunde

Darüber hinaus sind folgende Rechengrößen zu berücksichtigen:
- Materialgemeinkostenzuschlag: 48 %
- Fertigungsgemeinkostenzuschlag: 160 %
- Sondereinzelkosten der Fertigung: 260,00 €
- Sondereinzelkosten des Vertriebs: 80,00 €
- Verwaltungs- und Vertriebsgemeinkostenzuschlag: 26 %

2 Punkte

4.4 Berechnen Sie die Herstellkosten.

2 Punkte

4.5 Berechnen Sie die Selbstkosten.

3 Punkte

4.6 Ordnen Sie jeder Kennziffer zum Jahresabschluss eine Aussage zu.
<u>Kennziffern zum Jahresabschluss:</u>
Deckungsgrad I:
Liquidität ersten Grades:
Umsatzrentabilität:
(1) Gibt an, welchen Anteil das Eigenkapital am Gesamtkapital hat.
(2) Zeigt, in welcher Höhe flüssige Mittel reichen, um die kurzfristigen Verbindlichkeiten zu decken.
(3) Drückt das Verhältnis zwischen Kosten und Leistungen aus.
(4) Zeigt, in welcher Höhe das Anlagevermögen durch das Eigenkapital finanziert ist.
(5) Stellt die Forderungen den kurzfristigen Verbindlichkeiten gegenüber.
(6) Zeigt den Gewinn als prozentualen Anteil des Umsatzes.
(7) Gibt Auskunft über die Verzinsung des Kapitals.

2 Punkte

4.7 Erklären Sie den Unterschied zwischen Einzel- und Gemeinkosten.

20 Punkte

Aufgabe 5: Kaufmännische Steuerung und Kontrolle (Buchführung)

Hinweis: Verwenden Sie zur Bearbeitung der Aufgabe den Kontenplan auf den Seiten 9–10.

Situation zu den Aufgaben 5.1 bis 5.4

Die bei einem Lieferanten in Hannover bestellten Schreibtischlampen sind eingetroffen. Der Warensendung ist die abgebildete Eingangsrechnung beigefügt. Als Sachbearbeiter/-in in der Buchhaltung haben Sie u. a. die Aufgabe, die Belege rechnerisch zu überprüfen und zu kontieren.

Beleg zu den Aufgaben 5.1 bis 5.4

Bürobedarf Ulrich GmbH

Bürobedarf Ulrich GmbH – Kanalstraße 28 – 30159 Hannover

BüKo GmbH
Ludwig-Thoma-Straße 47
95447 Bayreuth

Kanalstraße 28
30159 Hannover

Telefon: 0511 8347-120
Telefax: 0511 8347-121

Rechnung

Rechnungs-Nummer 3974	Kunden-Nr. 5224371	Rechnungsdatum 15.09.20..
Bitte bei Zahlung und Rückfragen angeben		

Pos.	Artikelnummer	Artikelbezeichnung	Stück	Einzelpreis €	Gesamtpreis €
1	8-21386	Schreibtischlampe ELEGANCE	20	89,00	1 780,00
2	8-13072	Schreibtischlampe EFFECTA	80	28,90	2 312,00
				Nettobetrag	4 092,00
				+ 19 % Umsatzsteuer	777,48
				Rechnungsbetrag brutto	4 869,48

Bei Zahlung innerhalb von acht Tagen ab Rechnungsdatum mit 3 % Skonto, innerhalb von 30 Tagen netto

USt-IdNr.: DE610246261, Steuer-Nr.: 71/021/68253

Bankverbindung: Stadtsparkasse Hannover IBAN DE56 2505 0180 0546 3762 31

5.1 Wie müssen Sie die Eingangsrechnung (Re.-Nr. 3974) kontieren? Tragen Sie die zutreffenden Kontennummern in die Kästchen ein.

`2 Punkte`

Soll | Haben

5.2 Sie erhalten die abgebildete Rechnung der Spedition Oli Phant KG. Wie müssen Sie diese Eingangsrechnung buchen? Tragen Sie die zutreffenden Kontennummern in die Kästchen ein.

`2 Punkte`

Soll | Haben

Beleg zur Aufgabe 5.2

Spedition Oli Phant KG

Spedition Oli Phant KG – Am Bahndamm 78 – 30453 Hannover

BüKo GmbH
Ludwig-Thoma-Straße 47
95447 Bayreuth

Ihr Zeichen: Me
Ihre Nachricht vom: 14.09.20..
Unser Zeichen: wie
Unsere Nachricht vom:

Name: Herr Metzner
Telefon: 0921 4171-18
Telefax: 0921 4171-189

Eingegangen am
19. September 20..
BüKo GmbH

17. September 20..

Frachtrechnung Nr. 62720
Kunden-Nr. 362

Wir berechnen für unsere Leistung vom 16.09.20..
Transport von Hannover in Ihr Lager nach Bayreuth:

20 Schreibtischlampen ELEGANCE	24,00 €
80 Schreibtischlampen EFFECTA	96,00 €
Summe	120,00 €
19 % USt	22,80 €
Gesamt	144,80 €

Zahlung innerhalb von zehn Tagen netto, ohne Abzug

4 Punkte

5.3 Kontieren Sie die Buchungen des unten stehenden Kontoauszugs vom 24.09.20.. und vom 26.09.20.. . Tragen Sie die zutreffenden Kontennummern in die Kästchen ein.

Abbuchung vom 24.09.:

Soll	Haben
▢▢▢▢ ▢▢▢▢ ▢▢▢▢	▢▢▢▢ ▢▢▢▢ ▢▢▢▢

Abbuchung vom 26.09.:

Soll					Haben

Kontoauszug vom 27.09.20..				Sparkasse Bayreuth	
Auszug		Geschäftsstelle	Währung	Soll	Haben
13		Ludwig-Thoma-Straße	€		142,13
Buchungstag		Wir haben für Sie gebucht	Wert		Umsätze
23	09	Bürobedarf Ulrich GmbH, Rechnung Nr. 3974 vom 15.09.	23	09	4 723,40
26	09	Spedition Oli Phant KG, Frachtrechnung Nr. 62720 vom 17.09.	26	09	144,80
IBAN		DE29 7735 0110 0001 5427 53			
BüKo GmbH Ludwig-Thoma-Straße 47 95447 Bayreuth		Neuer Kontostand		4 726,07	

5.4 Berechnen Sie den Bezugspreis einer Schreibtischlampe ELEGANCE.

1 Punkt

Situation zu den Aufgaben 5.5 bis 5.7

Die BüKo GmbH hat zum Ausgleich der Rechnung Nr. 3974 (siehe Beleg zur Aufgabe 5.1) ihren Kontokorrentkredit bei der Sparkasse Bayreuth zu einem Zinssatz von 8,5 % p. a. in Anspruch genommen, um den Skontoabzug wahrnehmen zu können.

5.5 Ermitteln Sie für den beschriebenen Zahlungsvorgang den Kreditzeitraum in Tagen, der für die Bestimmung des Finanzierungserfolgs entscheidend ist.

1 Punkt

5.6 Berechnen Sie die Zinsbelastung (30/360) in Euro.

1 Punkt

5.7 Ermitteln Sie den Finanzierungserfolg in Euro.

1 Punkt

Beleg zur Aufgabe 5.8

BüKo GmbH
Büroeinrichtungs- und Kommunikationssysteme

BüKo GmbH, Ludwig-Thoma-Straße 47, 95447 Bayreuth

Leuchter GmbH
Elektrogroßhandel
Leyher Str. 274
90431 Nürnberg

Ihr Zeichen: wel
Ihre Nachricht vom: 27.11.20..
Unser Zeichen: me
Unsere Nachricht vom:

Name: Herr Meier
Telefon: 0921 79213-49
Telefax: 0921 79213-59

Rechnung

Rechnungs-Nummer 24-624512	Kunden-Nummer G 24371	Rechnungsdatum 25.11.20..
Ihre Auftrags-Nummer 30-69372-V	Ihr Auftragsdatum 23.11.20..	Unsere Lieferung vom 25.11.20..

Wir lieferten Ihnen heute frei Haus:

Pos.	Artikelnummer	Artikelbezeichnung	Stück	Einzelpreis €	Gesamtpreis €
1	H 63027	Schreibtischlampen EFFECTA	25	39,00	975,00
				Nettobetrag	975,00
				– 10 % Rabatt	97,50
					877,50
				19 % USt	166,73
				Gesamt	1 044,23

Bei Zahlung innerhalb von zehn Tagen ab Rechnungsdatum mit 2 % Skonto, innerhalb von 30 Tage netto

USt-IdNr.: DE 999666333123, Steuer-Nr.: 393/063/20745

Bankverbindung: Sparkasse Bayreuth, IBAN DE29 7735 0110 0001 5427 53

2 Punkte

5.8   Kontieren Sie die Buchung der Rechnung Nr. 24-624512. Tragen Sie die zutreffenden
Kontennummern in die Kästchen ein.

Soll   **Haben**

5.9 Kontieren Sie die Buchungen des unten stehenden Kontoauszugs vom 04.12.20.. . Tragen Sie die zutreffenden Kontennummern in die Kästchen ein.

Soll | **Haben**

☐☐☐☐ ☐☐☐☐ ☐☐☐☐ | ☐☐☐☐ ☐☐☐☐ ☐☐☐☐

Kontoauszug vom 04.12.20..					Sparkasse Bayreuth
Auszug		Geschäftsstelle	Währung	Soll	Haben
13		Ludwig-Thoma-Straße	€		2 159,47
Buchungstag		Wir haben für Sie gebucht	Wert		Umsätze
03	12	Rechn. Nr. 24-624512 vom 25.11., Leuchter GmbH	03	12	1 023,35
IBAN		DE29 7735 0110 0001 5427 53			
BüKo GmbH Ludwig-Thoma-Straße 47 95447 Bayreuth		Neuer Kontostand			3 182,82

Situation zu den Aufgaben 5.10 bis 5.12

In der Lux KG entnimmt der Komplementär Mario Richter aus dem Lager zwei Schreibtischlampen für die Kinderzimmer seiner beiden Söhne. Die Schreibtischlampen wurden vorher zu einem Bezugspreis von 35,10 € je Stück von der BüKo GmbH beschafft. Um den Vorgang zu dokumentieren, unterschreibt er den unten stehenden Beleg.

Lux KG	Privatentnahme		Beleg-Nr. PE 12613	
Art.-Nr.	Artikelbezeichnung	Menge (Stück)	Stückpreis (€)	Gesamtpreis (€)
H 63027	Schreibtischlampen EFFECTA	2		
Ware erhalten: 15.12.20.. Datum	*Mario Richter* Unterschrift			

5.10 Ermitteln Sie den anzusetzenden Warenwert.

5.11 Mit welchem Betrag wird das Privatkonto Mario Richter insgesamt belastet?

5.12 Wie ist der Vorgang bei der Lux KG zu buchen? Tragen Sie die zutreffenden Kontennummern in die Kästchen ein.

Soll | **Haben**

☐☐☐☐ ☐☐☐☐ | ☐☐☐☐ ☐☐☐☐

5. Prüfung

Sie sind Mitarbeiter/-in in der BüKo GmbH (siehe nachfolgende Unternehmensbeschreibung).

Beschreibung des Unternehmens

Firma	BüKo GmbH, Büroeinrichtungs- und Kommunikationssysteme
Geschäftszweck	Herstellung und Vertrieb von Büroeinrichtungs- und Kommunikationssystemen
Geschäftssitz	Ludwig-Thoma-Str. 47, 95447 Bayreuth
Registergericht	Amtsgericht Bayreuth HR B 345-0815 USt-IdNr.: DE999666333 Die BüKo GmbH ist Mitglied des Arbeitgeberverbands. Der Tarifvertrag findet Anwendung.
Geschäftsjahr	1. Januar bis 31. Dezember
Bankverbindungen	Sparkasse Bayreuth BIC BYLADEM1SBT IBAN DE29 7735 0110 0001 5427 53 Postbank Nürnberg BIC PBNKDEFFXXX IBAN DE58 7601 0085 0013 4616 46
Produktprogramm (eigene Erzeugnisse)	• Konferenztische • Konferenzstühle • Besucherstühle • Bürostühle • Regalsysteme
Dienstleistungen	• Lieferung und Montage von Büromöbeln • Entsorgung von Altmöbeln
Handelswaren	• Warengruppe 1: Bürotechnik • Warengruppe 2: Büroeinrichtung • Warengruppe 3: Verbrauch • Warengruppe 4: Organisation
Fertigungsverfahren	Einzel- und Serienfertigung
Stoffe/Vorprodukte	• Rohstoffe: Holz, Furniere, Möbelbezugsstoffe, Scharniere • Hilfsstoffe: Lacke, Klebstoffe, Schrauben, Nägel • Betriebsstoffe: Strom, Gas, Wasser, Heizöl, Schmierstoffe • Vorprodukte: Türschlösser, Türknöpfe • Energie: Strom, Gas
Mitarbeiter	• Angestellte: 42 • Arbeiter: 98 • Auszubildende: 8 Ein Betriebsrat und eine Jugend- und Auszubildendenvertretung sind eingerichtet.

Bitte beachten Sie folgende Hinweise:
- In den Kontierungsaufgaben sind ausschließlich die vierstelligen Kontennummern aus dem beigefügten Auszug des Kontenplans der BüKo GmbH zu verwenden (→ Seiten 9–10).
- Werden Unterkonten im Kontenplan genannt, so ist auf diese Unterkonten zu buchen.
- Wenn nichts anderes vorgegeben ist, ist grundsätzlich aufwandsrechnerisch und netto zu buchen.

Aufgaben

Aufgabe 1: Kundenbeziehungen, Kommunikation

15 Punkte

Situation zu den Aufgaben 1.1 und 1.2

Sie sind in der BüKo GmbH derzeit im Callcenter eingesetzt. Dort führen Sie ein Verkaufsgespräch mit dem Kunden Peter Schneider, der darüber nachdenkt, einen Schreibtisch zu kaufen.

1.1 Erläutern Sie drei Elemente der Stimmführung, auf die Sie beim Gespräch mit Kunden achten sollten.

3 Punkte

1.2 Im Laufe des Verkaufsgesprächs fragt Herr Schneider nach dem Preis. Worauf müssen Sie achten, wenn Sie diese Frage verkaufsfördernd beantworten wollen?

2 Punkte

1.3 Im Zuge eines Verkaufsgespräches bringt ein Kunde den folgenden Einwand vor: *„Diesen Schreibtisch bekomme ich bei ‚Sparkauf Möbel' deutlich günstiger."*
Formulieren Sie Ihre Reaktion auf diesen Kundeneinwand. Setzen Sie dabei die Ja-aber-Methode ein.

4 Punkte

1.4 Im Rahmen einer Schulung für Mitarbeiter im Callcenter werden Sie mit den folgenden drei Aussagen aus Telefonaten mit Kunden konfrontiert. Suchen Sie jeweils nach einer kundenorientierten Alternativformulierung.

3 Punkte

Aussage	Kundenorientierte Alternative
„Jetzt übertreiben Sie aber. So schlimm ist das nun auch wieder nicht."	
„Sie hätten vor einer Woche anrufen müssen. Jetzt ist der Artikel vergriffen."	
„Sie haben unvollständige Unterlagen eingereicht!"	

1.5 Die Kundenorientierung der BüKo GmbH soll weiter verbessert werden. Zur Vorbereitung der nächsten Teamsitzung lesen Sie in einen 30-seitigen Artikel zu diesem Thema. Beschreiben Sie anhand von drei Stichpunkten, wie Sie beim Markieren und Exzerpieren des Textes vorgehen.

3 Punkte

Aufgabe 2: Auftragsbearbeitung und -nachbereitung

20 Punkte

Situation zu den Aufgaben 2.1 bis 2.4

Die BüKo GmbH erwägt, einen neuen Schreibtisch in ihr Sortiment aufzunehmen. Die Konditionen des Anbieters Bach Möbel KG lauten wie folgt:
- Listenpreis: 500,00 €
- Rabatt: 10 %
- Skonto: 2 % bei Zahlung innerhalb von zehn Tagen
- Bezugskosten: 39,00 €

2.1 Stellen Sie das Kalkulationsschema für die Bezugskalkulation auf und ermitteln Sie den Bezugspreis für den Schreibtisch.

3 Punkte

5 Punkte

2.2 Neben dem Angebot der Bach Möbel KG liegen der BüKo GmbH noch weitere Angebote verschiedener Lieferanten vor, die sich preislich auf etwa dem gleichem Niveau bewegen. Nennen Sie fünf Kriterien, die bei der Wahl eines Lieferanten – neben dem Bezugspreis – berücksichtigt werden sollten.

4 Punkte

2.3 Bezüglich der Ermittlung des optimalen Bestellzeitpunktes wird zwischen dem Bestellrhythmusverfahren und dem Bestellpunktverfahren unterschieden. Die BüKo GmbH hat sich für das Bestellpunktverfahren entschieden.
Erklären Sie die beiden Verfahren und erläutern Sie anhand von zwei Argumenten, warum sich die BüKo GmbH für das Bestellpunktverfahren entschieden hat.

3 Punkte

2.4 Nach reiflicher Überlegung entscheidet sich die BüKo GmbH, den Schreibtisch bei der Bach Möbel KG zu bestellen. Durch ein verbindliches Angebot des Lieferanten und die Bestellung des Kunden ist hier ein rechtsgültiger Kaufvertrag zustande gekommen. Nennen Sie drei Formulierungen in Angeboten, die dazu führen, dass das Angebot im Hinblick auf seine rechtliche Verbindlichkeit eingeschränkt bzw. rechtlich unverbindlich wird.

1 Punkt

2.5 Die BüKo GmbH hat von einem Lieferer Schreibtischlampen bezogen. Eine Stichprobenuntersuchung ergibt, dass einige Schreibtischlampen mangelhaft sind. Um die gesetzlichen Gewährleistungsansprüche aus dem Kaufvertrag nicht zu verlieren, sind nach dem Eintreffen der Lieferung bestimmte Pflichten zu erfüllen.
Welche Aussage dazu ist richtig?

(1) Es besteht eine Prüfpflicht. Die gelieferten Schreibtischlampen sind innerhalb von 14 Tagen nach Art, Güte und Menge zu kontrollieren.

(2) Es besteht eine Rügepflicht im Falle von offenen Mängeln. Sie sind dem Lieferer innerhalb von sechs Monaten nach ihrer Feststellung anzuzeigen.

(3) Es besteht eine Aufbewahrungspflicht für beanstandete Schreibtischlampen.

(4) Es besteht eine Rücksendepflicht bezüglich der beanstandeten Schreibtischlampen.

(5) Es besteht eine Rügepflicht im Falle von versteckten Mängeln, die dem Lieferer unverzüglich nach ihrer Feststellung, auch noch nach Ablauf der Gewährleistungsfrist, anzuzeigen sind.

1 Punkt

2.6 Ein langjähriger Geschäftspartner der BüKo GmbH, der Großhändler für Bürobedarf Meier & Co. KG, sendet Ihnen 200 Aktenordner als Sonderangebot zu. Sie haben diese Ware weder bestellt, noch benötigen Sie diese.
Wie verhalten Sie sich entsprechend der gesetzlichen Vorschriften korrekt?

(1) Sie drohen der Meier & Co. KG eine Konventionalstrafe an, wenn die Aktenordner nicht unverzüglich abgeholt werden.

(2) Sie teilen der Meier & Co. KG mit, dass Sie die Aktenordner nicht benötigen, und stellen die gelieferte Ware zur Abholung bereit.

(3) Sie behalten die Aktenordner, bezahlen diese aber nicht, da keine Bestellung vorausging.

(4) Sie verlangen vom Spediteur eine Bestätigung, dass Sie die Aktenordner nicht bestellt haben.

(5) Sie nehmen die Aktenordner an, da mit der Meier & Co. KG langjährige Geschäftsbeziehungen bestehen und Sie deshalb zur Abnahme verpflichtet sind.

2.7 Über einen Gesamtverkaufspreis in Höhe von 4 680,00 € wird ein Ratenvertrag abgeschlossen, wobei der Kunde 1 080,00 € anzahlt; der Rest soll in zwölf gleichen Monatsraten von 300,00 € beglichen werden. Die BüKo GmbH hat sich das Eigentum an der Ware bis zur endgültigen Bezahlung des Kaufpreises vorbehalten. Bei Rückstand einer Rate wird der gesamte Restbetrag fällig. Nach fünf Raten kommt der Kunde in Zahlungsverzug und erklärt per E-Mail, dass derzeit noch nicht absehbar sei, wann er wieder Zahlungen leisten werde.
Welche Ansprüche hat der Lieferer?

1 Punkt

(1) Er kann nach Abholung der Ware einen Teil des bereits gezahlten Kaufpreises für Wertminderung der Ware und andere Kosten einbehalten.

(2) Er kann den Käufer nur auf Zahlung der Restsumme verklagen, weil die Ware bereits überwiegend bezahlt wurde.

(3) Er kann erst gegen den Zahlungsschuldner gerichtlich vorgehen, wenn die letzte Rate fällig ist und bis dahin nicht gezahlt wurde.

(4) Er muss in jedem Fall eine Klage auf Herausgabe der Ware anstrengen.

(5) Er kann nur die Zahlung der fälligen Rate verlangen, weil die restlichen Raten ja noch nicht fällig sind.

2.8 Welche Aussage zur Verjährung ist richtig?

1 Punkt

(1) Der Antrag auf Erlass eines Mahnbescheids unterbricht die Verjährung.

(2) Die Verjährungsfrist wird durch die Bitte des Schuldners um Stundung unterbrochen.

(3) Die Verjährung wird durch das HGB geregelt.

(4) Hat der Schuldner eine an ihn gerichtete Forderung beglichen, ohne zu bemerken, dass sie bereits verjährt war, so kann er den Betrag durch das gerichtliche Klageverfahren zurückverlangen.

(5) Bei Verjährung von Forderungen ist zwischen Privatkauf und Handelskauf zu unterscheiden.

(6) Die Verjährungsfristen betragen je nach Rechtsgrundlage zwei, vier oder zwölf Jahre.

2.9 Nach Androhung eines gerichtlichen Mahnbescheids hat ein Schuldner einen Teil seiner Schuld beglichen.
Wie wirkt sich diese Teilzahlung auf die Verjährung der Forderung des Gläubigers aus?

1 Punkt

(1) Die Verjährung wird unterbrochen.

(2) Die Verjährung wird gehemmt.

(3) Die Forderung verjährt nun erst nach 30 Jahren.

(4) Die Forderung verjährt nun erst nach sechs Jahren.

(5) Sie hat dieselbe Wirkung wie eine Mahnung des Gläubigers durch „Einschreiben".

30 Punkte

Aufgabe 3: Personalbezogene Aufgaben

Situation zu den Aufgaben 3.1 und 3.2

Sie sind gegenwärtig in der Personalabteilung der BüKo GmbH eingesetzt. Ihr Vorgesetzter beauftragt Sie damit, eine quantitative Personalbedarfsplanung vorzunehmen.

3 Punkte

3.1 In der quantitativen Personalplanung wird zwischen Neubedarf, Zusatzbedarf und Ersatzbedarf unterschieden. Erläutern Sie die drei Begriffe.

4 Punkte

3.2 Nennen Sie vier unternehmensinterne Einflussfaktoren auf die Personalplanung.

3.3 Die BüKo GmbH stellt u. a. zwei Regalsysteme her. Vom Regal „New Order" sollen im Monat 500 Stück hergestellt werden, wobei der Zeitbedarf je Stück 25 Stunden beträgt. Für das Regal „Tower" ist eine monatliche Herstellungsmenge von 150 geplant. Der Zeitbedarf je Stück beträgt hier 30 Stunden. Die monatliche Arbeitszeit je Arbeitskraft beträgt 150 Stunden, der Personalausfall (Krankheit, Urlaub etc.) wird auf 10 % geschätzt.

5 Punkte

Errechnen Sie den jeweiligen Gesamtzeitbedarf für die monatliche Produktion der beiden Regalsysteme und den Gesamtpersonalbedarf für die Produktion der beiden Produkte.

1 Punkt

3.4 Welche betriebliche Maßnahme würde diese Personalbedarfsplanung unmittelbar beeinflussen?

(1) Herabsetzung der Arbeitszeit

(2) Verbesserung der Public Relations

(3) Inseratserie mit Stellenangeboten

(4) Umstellung von Einzelbüros auf Großraumbüros

(5) Einführung der Gleitzeit

Situation zu den Aufgaben 3.5 bis 3.7

Sie bearbeiten in der Personalabteilung die Krankmeldungen sowie die Arbeits- und Betriebsunfälle. Darüber hinaus sind Sie für die Arbeitszeiterfassung zuständig.

1 Punkt

3.5 Der Mitarbeiter Thomas Schmidt ist auf dem Weg zur Kantine auf dem Firmengelände gestürzt und hat sich das rechte Bein verletzt. Vom Arzt wurde eine Arbeitsunfähigkeit für vorerst vier Tage bescheinigt. Entscheiden Sie, ob Sie den Arbeitsunfall der zuständigen Stelle melden müssen.

(1) Eine Meldung ist nur bei einem tödlichen Unfall notwendig.

(2) Eine Weitermeldung des Arbeitsunfalles kann unterbleiben, da Herr Schmidt innerhalb einer Woche die Arbeit wieder aufnimmt.

(3) Nur bei einer Arbeitsunfähigkeit von länger als sechs Wochen hat eine Meldung zu erfolgen.

(4) Die Entscheidung, ob eine Meldung erforderlich ist, trifft der Arbeitnehmer selbst.

(5) Der Arbeitsunfall muss innerhalb der vorgeschriebenen Frist der zuständigen Berufsgenossenschaft gemeldet werden.

3.6 Welchen der folgenden Fälle müssen Sie mit dem Vermerk „betrifft den Privatbereich" zurückweisen, da es sich weder um einen Betriebs- noch um einen Arbeitsunfall handelt?

1 Punkt

- **(1)** Ein Mitarbeiter ist auf dem direkten Weg vom Betrieb nach Hause mit dem Fahrrad gestürzt.

- **(2)** Ein Mitarbeiter ist im Geschäftsgebäude ausgerutscht und hat sich den Fuß gebrochen.

- **(3)** Ein Mitarbeiter ist auf dem Weg zu einem Kunden mit dem Auto in den Graben gerutscht.

- **(4)** Ein leitender Mitarbeiter hat mit seinem Dienstwagen in der Freizeit einen Unfall verursacht.

- **(5)** Ein Mitarbeiter beachtet die Unfallverhütungsvorschriften nicht und stürzt vom Dach.

3.7 Die Arbeitszeiterfassung der BüKo GmbH soll in Zukunft elektronisch erfolgen. Sie nehmen dazu personenbezogene Daten, wie den Namen, den Vornamen, die Anschrift, den Einstellungsort und die Arbeitszeitmodelle, auf.
Welche Rechtsgrundlage müssen Sie dabei beachten?

1 Punkt

- **(1)** Arbeitsstättenverordnung

- **(2)** Bundesarbeitsgesetz

- **(3)** Arbeitszeitordnung

- **(4)** Bundesdatenschutzgesetz

- **(5)** Tarifvertragsgesetz

Situation zu den Aufgaben 3.8. und 3.9

Die Lagermitarbeiterin Marion Müller hat Ihnen heute mitgeteilt, dass sie im dritten Monat schwanger ist. Sie hat Ihnen eine entsprechende ärztliche Bescheinigung vorgelegt. Daraus geht hervor, dass der errechnete Geburtstermin der 27.11. d. J. sein wird.

3.8 Welche <u>zwei</u> der folgenden Aussagen zur arbeitsrechtlichen Situation von Frau Müller sind zutreffend?

2 Punkte

- **(1)** Frau Müller darf erst vier Wochen nach der Geburt wieder im Lager eingesetzt werden.

- **(2)** Weder die BüKo GmbH noch Frau Müller können das Arbeitsverhältnis während der Schwangerschaft kündigen.

- **(3)** Die BüKo GmbH muss die Schwangerschaft von Frau Müller der zuständigen Aufsichtsbehörde melden.

(4) Frau Müllers jährlicher Urlaubsanspruch erhöht sich aufgrund der Schwangerschaft um zehn Tage.

(5) Bis zu Beginn der Mutterschutzfrist darf Frau Müller mit leichteren Aufgaben (keine schwere körperliche Arbeit) beschäftigt werden.

(6) Frau Müller ist während der Arbeitszeit für Arztbesuche freizustellen.

1 Punkt

3.9 Frau Müller möchte von Ihnen wissen, wie ihre Entlohnung während der Mutterschutzfristen geregelt ist.

(1) Sie erhält von der Krankenkasse ein Krankengeld in Höhe von 70 % ihres letzten Monatsnettoeinkommens.

(2) Die Differenz aus Nettoeinkommen und Mutterschaftsgeld wird von der Berufsgenossenschaft aufgestockt.

(3) Die Büko GmbH zahlt zum Mutterschaftsgeld einen gesetzlich geregelten Differenzbetrag zwischen ihrem durchschnittlichem Nettoentgelt und dem Mutterschaftsgeld.

(4) Die BüKo GmbH zahlt in dieser Zeit das monatliche Bruttogehalt wie bisher.

(5) Die Bundesagentur für Arbeit zahlt eine Lohnersatzleistung in Höhe von 13,50 € je Kalendertag.

Auszug aus dem MuSchG (Mutterschutzgesetz)

§ 3

(1) Werdende Mütter dürfen nicht beschäftigt werden, soweit nach ärztlichem Zeugnis Leben und Gesundheit von Mutter oder Kind bei Fortdauer der Beschäftigung gefährdet ist.

(2) Werdende Mütter dürfen in den letzten Wochen vor der Entbindung nicht beschäftigt werden, es sei denn, dass sie sich zur Arbeitsleistung ausdrücklich bereit erklären; die Erklärung kann jederzeit widerrufen werden.

§ 5

(1) Werdende Mütter sollen dem Arbeitgeber ihre Schwangerschaft und den mutmaßlichen Tag der Entbindung mitteilen. Der Arbeitgeber hat die Aufsichtsbehörde unverzüglich über die Mitteilung der werdenden Mutter zu benachrichtigen.

§ 6

(1) Mütter dürfen bis zum Ablauf von acht Wochen, bei Früh- oder Mehrlingsgeburten bis zum Ablauf von 12 Wochen nach der Entbindung nicht beschäftigt werden.

§ 14

(1) Frauen, die Anspruch auf Mutterschaftsgeld nach § 24i Absatz 1, 2 Satz 1 bis 4 und Absatz 3 des Fünften Buches Sozialgesetzbuch oder § 13 Abs. 2, 3 haben, erhalten während ihres bestehenden Arbeitsverhältnisses für die Zeit der Schutzfristen des § 3 Abs. 2 und § 6 Abs. 1 sowie für den Entbindungstag von ihrem Arbeitgeber einen Zuschuss in Höhe des Unterschiedsbetrages zwischen 13 Euro und dem um die gesetzlichen Abzüge verminderten durchschnittlichen kalendertäglichen Arbeitsentgelt. Das durchschnittliche kalendertägliche Arbeitsentgelt ist aus den letzten drei abgerechneten Kalendermonaten, bei wöchentlicher Abrechnung aus den letzten 13 abgerechneten Wochen vor Beginn der Schutzfrist nach § 3 Abs. 2 zu berechnen.

Situation zu den Aufgaben 3.10 und 3.11

Sie sind zuständig für den Einsatz von schwerbehinderten Mitarbeitern in der BüKo GmbH. Derzeit hat die BüKo GmbH bei durchschnittlich 140 Mitarbeitern drei schwerbehinderte Mitarbeiter.

Auszug aus dem Sozialgesetzbuch (SGB) IX

§ 71

(1) Arbeitgeber mit jahresdurchschnittlich monatlich mindestens 20 Arbeitsplätzen haben auf wenigstens 5 Prozent der Arbeitsplätze schwerbehinderte Mitarbeiter zu beschäftigen.

§ 77

(1) Die Ausgleichsabgabe wird auf der Grundlage einer jahresdurchschnittlichen Beschäftigungsquote ermittelt.

(2) Die Ausgleichsabgabe beträgt im Monat je unbesetzten Pflichtarbeitsplatz bei einer Beschäftigungsquote von Schwerbehinderten
1. Von 3 % bis Pflichtsatz von 5 %   105,00 €
2. Von 2 % bis unter 3 %   180,00 €
3. Von weniger als 2 %   260,00 €

3.10 Wie viele Stellen müssten bei der BüKo GmbH regulär mit schwerbehinderten Menschen besetzt werden?

`2 Punkte`

3.11 Berechnen Sie den Betrag, den die BüKo GmbH derzeit als Ausgleichsabgabe zahlen muss.

`2 Punkte`

Situation zu den Aufgaben 3.12 und 3.13

Aufgrund unvorhergesehener Maschinenausfälle und dadurch notwendiger Reparaturzeiten unterbricht die BüKo GmbH die Fertigung in der Produktionslinie eines Regalsystems. Aufgrund des Produktionsausfalls entscheidet die Geschäftsleitung mit Einverständnis des Betriebsrats, die Arbeitszeit für die Monate Mai und Juni arbeitstäglich um zwei Stunden zu erhöhen. Die bisherige Arbeitszeitregelung der BüKo GmbH ist eine reguläre Arbeitszeit von Montag bis Freitag von 7:30 bis 16:00 Uhr mit einer unbezahlten Pause von 30 Minuten.

Auszug aus dem Arbeitszeitgesetz

…

§ 2 Begriffsbestimmungen

(1) Arbeitszeit im Sinne des Gesetzes ist die Zeit vom Beginn bis zum Ende der Arbeit ohne die Ruhepausen …

§ 3 Arbeitszeit der Arbeitnehmer

Die werktägliche Arbeitszeit der Arbeitnehmer darf acht Stunden nicht überschreiten. Sie kann auf bis zu zehn Stunden verlängert werden, wenn innerhalb von sechs Kalendermonaten oder innerhalb von 24 Wochen im Durchschnitt acht Stunden werktäglich nicht überschritten werden.

…

§ 4 Ruhepausen

Die Arbeit ist durch im Voraus feststehende Ruhepausen von mindestens 30 Minuten bei einer Arbeitszeit von mehr als sechs bis neun Stunden und 45 Minuten bei einer Arbeitszeit von mehr als neun Stunden insgesamt zu unterbrechen. Die Ruhepausen nach Satz 1 können in Zeitabschnitten von jeweils mindestens 15 Minuten aufgeteilt werden. Länger als sechs Stunden hintereinander dürfen Arbeitnehmer nicht ohne Ruhepause beschäftigt werden.

2 Punkte

3.12 Zu welchen zwei der folgenden Maßnahmen ist die BüKo GmbH gegenüber den Mitarbeitern verpflichtet? Berücksichtigen Sie dazu auch den Auszug aus dem Arbeitszeitgesetz.

(1) Die BüKo GmbH ist verpflichtet, die Pausen auf die Arbeitszeit anzurechnen.

(2) Die BüKo GmbH ist verpflichtet, in den Monaten Mai und Juni die täglichen Pausenzeiten um 15 Minuten zu erhöhen.

(3) Die BüKo GmbH ist verpflichtet, die in den Monaten Mai und Juni geleistete Mehrarbeit ab dem 1. Dezember wieder auszugleichen.

(4) Die BüKo GmbH ist verpflichtet, in den Monaten Juli bis Oktober die tägliche Arbeitszeit um eine Stunde herabzusetzen.

(5) Die BüKo GmbH ist verpflichtet sicherzustellen, dass die erste Pause spätestens um 13:30 Uhr genommen wird.

(6) Die BüKo GmbH ist verpflichtet, allen betroffenen Mitarbeitern im Monat Juli und August einen Urlaub von mindestens drei Wochen am Stück zu gewähren.

1 Punkt

3.13 Um den Produktionsausfall wieder hereinzuarbeiten, sollen zusätzlich Zeitarbeitskräfte ins Unternehmen geholt werden.
Welche der folgenden Aussagen ist in diesem Zusammenhang zutreffend?

(1) Zeitarbeitskräfte müssen von der BüKo GmbH bei der Bundesagentur für Arbeit gemeldet werden.

(2) Zeitarbeitskräfte erhalten im Krankheitsfall eine Entgeltfortzahlung durch die BüKo GmbH.

(3) Zeitarbeitskräfte müssen von der BüKo GmbH bei der Rentenversicherung angemeldet werden.

(4) Zeitarbeitskräfte können nur mit Zustimmung des Betriebsrates bei der BüKo GmbH eingesetzt werden.

(5) Zeitarbeitskräfte müssen direkt von der BüKo GmbH entlohnt werden.

3.14 Nennen und erläutern Sie kurz vier Elemente der Personalentwicklung.

4 Punkte

Aufgabe 4: Kaufmännische Steuerung und Kontrolle (Kosten- und Leistungsrechnung/ Controlling)

17 Punkte

Situation zur Aufgabe 4.1

> Als Mitarbeiter/-in der Abteilung Kostenrechnung/Controlling sollen Sie die Abgrenzungsrechnung vorbereiten.

4.1 Entscheiden Sie für die folgenden Geschäftsvorgänge, ob es sich um Kosten, Leistungen, neutrale Aufwendungen oder neutrale Erträge handelt, indem Sie die entsprechenden Kreuze in der vorliegenden Tabelle setzen.

8 Punkte

Nr.	Geschäftsfälle	Kosten	Leistungen	Neutrale Aufwendungen	Neutrale Erträge
1.	Miete für eine gemietete Produktionshalle				
2.	Vierteljahreszahlung der Grundsteuer für das Betriebsgebäude				
3.	Bestandserhöhung bei den Vorräten an unfertigen Erzeugnissen				
4.	Zahlung von Weihnachtsgeld an die Arbeitnehmer				
5.	Erträge aus dem Verkauf von Wertpapieren				
6.	Jahresbeitrag für den „Verein der Freunde und Förderer des Richard-Wagner-Gymnasiums"				
7.	Schadenersatzleistung der Feuerversicherung für Brandschäden im Lager				
8.	Abschreibungen				

Situation zu den Aufgaben 4.2 bis 4.4

> Sie erhalten als Mitarbeiter/-in der Abteilung Kostenrechnung von der Geschäftsbuchführung folgende Zahlen:
> - Fertigungsmaterial   120 000,00 €
> - Fertigungslöhne   100 000,00 €
> - Hilfslöhne   48 000,00 €
> - Energieverbrauch   40 000,00 €
> - Gebühren und Steuern   20 000,00 €
> - Abschreibungen   82 000,00 €
> - Fremdleistungen für die
>   Kostenstelle des Betriebs   22 000,00 €

4.2 Errechnen Sie, wie hoch die Fertigungsgemeinkosten in Euro sind, wenn 50 000,00 € der angegebenen Gemeinkosten auf Verwaltung und Vertrieb entfallen und der Materialgemeinkostenzuschlag 10 % beträgt.

2 Punkte

2 Punkte

4.3 Errechnen Sie die Höhe des Fertigungsgemeinkostenzuschlagssatzes (in Prozent) auf der Grundlage der oben angegebenen Zahlen.

2 Punkte

4.4 In der Vorkalkulation der BüKo GmbH wurde mit 43 800,00 € Fertigungsmaterial gerechnet. Bei der Abwicklung des Auftrags wurden 42 600,00 € Fertigungsmaterial verbraucht.
Ermitteln Sie, wie hoch die Abweichung bei den Materialgemeinkosten ist, wenn mit einem Materialgemeinkostenzuschlag von 6,5 % kalkuliert wurde.

1 Punkt

4.5 Warum werden in Betrieben Betriebsabrechnungsbögen (BAB) geführt?

(1) um Unterlagen für die Divisionskalkulation zu haben

(2) um die Richtigkeit der Lohnabrechnung nachzuweisen

(3) um Gemeinkosten auf die Kostenstellen zu verteilen

(4) um die Rentabilität des Betriebs zu ermitteln

(5) um die Einzelkosten zu ermitteln

1 Punkt

4.6 Welche Aufgabe hat die Kosten- und Leistungsrechnung?

(1) Sie stellt die Ausgaben und Einnahmen gegenüber.

(2) Sie muss den Stand des Vermögens und der Schulden feststellen.

(3) Sie soll das Betriebsergebnis ermitteln.

(4) Sie stellt die Daten für die Rechnungsprüfung bereit.

(5) Sie hat den Erfolg des Unternehmens zu ermitteln.

1 Punkt

4.7 Wie erklären Sie den Zusammenhang zwischen Kosten und Aufwendungen?

(1) Unter Kosten versteht man die betriebsnotwendigen Aufwendungen zum Erbringen von Leistungen.

(2) Alle Aufwendungen sind Kosten.

(3) Kosten entstehen für das gesamte Unternehmen, Aufwendungen für den Betrieb.

(4) Den Begriff Kosten verwendet man vorwiegend in der Erfolgsrechnung, den Begriff Aufwand im Zahlungsverkehr.

(5) Betriebsfremde Aufwendungen sind Zusatzkosten.

Aufgabe 5: Kaufmännische Steuerung und Kontrolle (Buchführung)

Hinweis: Verwenden Sie zur Bearbeitung der Aufgabe den Kontenplan auf den Seiten 9–10.

Situation zu den Aufgaben 5.1 bis 5.7

In der BüKo GmbH wird die Inventur durchgeführt, die aus organisatorischen Gründen bereits im November erfolgt. Als Mitarbeiter/-in der Abteilung Rechnungswesen arbeiten Sie bei den Inventurarbeiten mit.
Der Anfangsbestand der Schreibtischunterlage „Acta" betrug 232. Im vergangenen Geschäftsjahr waren folgende Zu- und Abgänge zu verzeichnen.

Datum	Bestandsänderung	Stückzahl
03.06.	Abgang	175
20.07.	Zugang	130
12.10.	Abgang	90
13.10.	Abgang	85

5.1 Welches der folgenden Inventurverfahren wurde hier angewandt?

1 Punkt

(1) Stichtagsinventur

(2) Stichprobeninventur

(3) zeitlich verlegte Inventur

(4) permanente Inventur

(5) verkürzte Inventur

5.2 Ermitteln Sie den Schlussbestand, der sich für die Schreibtischunterlage „Acta" ergibt.

1 Punkt

5.3 Für das vergangene Geschäftsjahr liegen Ihnen folgende Daten vor:
- Eigenkapital am Anfang des Geschäftsjahres: 7 800 000,00 €
- Eigenkapital am Ende des Geschäftsjahres: 8 600 000,00 €
- Privatentnahmen während des Geschäftsjahres insgesamt: 400 000,00 €
- Privateinlagen während des Geschäftsjahres insgesamt: 50 000,00 €

Wie viel Euro betrug der Gewinn im vergangenen Geschäftsjahr?

1 Punkt

5.4 Wie müssen Sie die unten abgebildete Ausgangsrechnung für selbst gefertigte Konferenzstühle an die Küchenland GmbH buchen?
Tragen Sie die zutreffenden Kontennummern in die Kästchen ein.

2 Punkte

Soll			Haben

Beleg zur Aufgabe 5.4

BüKo GmbH
Büroeinrichtungs- und Kommunikationssysteme

BüKo GmbH, Ludwig-Thoma-Straße 47, 95447 Bayreuth

Küchenland GmbH
Industriestraße 211
90431 Nürnberg

Ihr Zeichen: ha
Ihre Nachricht vom: 27.04.20..
Unser Zeichen: me
Unsere Nachricht vom:

Name: Herr Meier
Telefon: 0921 79213-49
Telefax: 0921 79213-59

Rechnung

Rechnungs-Nummer 24-640218	Kunden-Nr. G 24373	Rechnungsdatum 08.05.20..
Ihre Auftrags-Nummer 50-642019	Ihr Auftragsdatum 27.04.20..	Unsere Lieferung vom 08.05.20..

Wir lieferten Ihnen heute frei Haus:

Pos.	Artikelnummer	Artikelbezeichnung	Stück	Einzelpreis €	Gesamtpreis €
1	B 62561	Konferenzstuhl „Comfort"	10	99,90	999,00
				Nettobetrag – 10 % Rabatt	999,00 99,90
					899,10
				+ 19 % USt	170,83
				Gesamt	1 069,93

Bei Zahlung innerhalb von zehn Tagen ab Rechnungsdatum mit 2 % Skonto, innerhalb von 30 Tage netto

USt-IdNr.: DE999666333, Steuer-Nr.: 393/063/20745

5.5 Einer der an die Küchenland GmbH gelieferten Konferenzstühle weist leichte Beschädigungen auf. Die Küchenland GmbH erhält nach telefonischer Absprache die unten abgebildete Gutschrift von 20 %.
Wie buchen Sie diese Gutschrift? Tragen Sie die zutreffenden Kontennummern in die Kästchen ein.

2 Punkte

Soll		Haben	
☐☐☐☐☐	☐☐☐☐☐	☐☐☐☐☐	☐☐☐☐☐

Beleg zur Aufgabe 5.5

BüKo GmbH
Büroeinrichtungs- und Kommunikationssysteme

BüKo GmbH – Ludwig-Thoma-Straße 47 – 95447 Bayreuth

Küchenland GmbH
Industriestraße 211
90431 Nürnberg

Ihr Zeichen: ha
Ihre Nachricht vom: 08.05.20..
Unser Zeichen: schm
Unsere Nachricht vom:

Name: Frau Schmidt
Telefon: 0921 79213-49
Telefax: 0921 79213-59

Gutschrift

Kunden-Nr.	Rechnungs-Nr.	Rechnungsdatum	Gutschriftnummer
G 24373	24-640218	08.05.20..	50-6281

Aufgrund Ihrer Beanstandung vom 10. Mai 20.. schreiben wir Ihnen wie vereinbart gut:

25 % von 89,91 €	22,48 €
+ 19 % Umsatzsteuer	4,27 €
Gutschriftsbetrag	26,75 €

Wir bitten um gleichlautende Buchung.

Mit freundlichen Grüßen
i.A. *Schmidt*

BüKo GmbH
Buchhaltung

5.6 Wie müssen Sie den unten abgebildeten Beleg buchen?
Tragen Sie die zutreffenden Kontennummern in die Kästchen ein.

2 Punkte

Soll	Haben

Beleg zur Aufgabe 5.6

Deutsche Post AG
95444 Bayreuth

26120192   03.05.20..

20,00 €

Postwertzeichen ohne Zuschlag

Deutsche Post AG   Deutsche Post AG   Deutsche Post AG

5.7 Sie haben den Auftrag, Buchungsbelege zu bearbeiten. Bringen Sie hierzu die folgenden Tätigkeiten bei der Belegbearbeitung in die richtige Reihenfolge, indem Sie die Ziffern 1-6 in die Kästchen eintragen. Beginnen Sie mit „Prüfen der Belege auf sachliche und rechnerische Richtigkeit".

3 Punkte

- Buchung der Belege ☐

- Vorkontierung der Belege ☐

- Sortieren der Belege nach Belegarten ☐

- Nummerieren der Belege gemäß internem Beleg Nummernkreis ☐

- Prüfen der Belege auf sachliche und rechnerische Richtigkeit ☐

- Ablegen der Belege ☐

Beleg zu den Aufgaben 5.8 bis 5.10

Lichttechnik GmbH

Lichttechnik GmbH – Austraße 18 – 90429 Nürnberg

BüKo GmbH
Ludwig-Thoma-Straße 47
95447 Bayreuth

Austraße 18
90429 Nürnberg

Telefon: 0911 684138-0
Telefax: 0911 684138-210

Eingegangen am
4. April 20..
BüKo GmbH

Rechnung

Rechnungs-Nummer	Kunden-Nr.	Rechnungsdatum
912365	24307	04.04.20..
Ihre Auftrags-Nummer	Ihr Auftragsdatum	Unsere Lieferung vom
88392	30.03.20..	04.04.20..

Pos.	Artikelnummer	Artikelbezeichnung	Stück	Einzelpreis €	Gesamtpreis €
1	512560	Schreibtischlampe KOMFORT	25	69,50	1 737,50
		Verpackungspauschale			25,00
				Nettobetrag	1 762,50
				+ 19 % Umsatzsteuer	334,88
				Rechnungsbetrag brutto	2 097,38

Bei Zahlung innerhalb von zehn Tagen ab Rechnungsdatum mit 2 % Skonto, innerhalb von 30 Tagen netto

USt-IdNr.: DE765287986, Steuer-Nr.: 897/211/38965

5.8. Wie müssen Sie die Eingangsrechnung (Re.-Nr. 912365) kontieren?
Tragen Sie die zutreffenden Kontennummern in die Kästchen ein.

2 Punkte

Soll   **Haben**

5.9 Die Selbstkosten der Schreibtischlampe KOMFORT betragen pro Stück 85,00 €. Für einen Einzelauftrag sollen Sie den Angebotspreis ermitteln.
Wie hoch ist der Nettoverkaufspreis, wenn 15 % Gewinn und 15 % Kundenrabatt zu berücksichtigen sind?

2 Punkte

1 Punkt

5.10 Wie lange muss die BüKo GmbH die Eingangsrechnung Nr. 912365 nach den gesetzlichen Regelungen (HGB) mindestens aufbewahren?

(1) Für Rechnungen gibt es keine gesetzliche Aufbewahrungspflicht.

(2) Die BüKo GmbH muss die Rechnung aufbewahren, bis die gesetzliche Gewährleistung für die Schreibtischlampe abgelaufen ist.

(3) Die gesetzliche Aufbewahrungspflicht für Belege beträgt drei Jahre.

(4) Die gesetzliche Aufbewahrungspflicht für Belege beträgt sechs Jahre.

(5) Die gesetzliche Aufbewahrungspflicht für Belege beträgt zehn Jahre.

1 Punkt

5.11 Im Laufe eines Insolvenzverfahrens eines Kunden werden nur 12 % der Verbindlichkeiten beglichen. Die BüKo GmbH verliert dadurch 4 620,00 €.
Berechnen Sie, wie hoch die ursprüngliche Forderung war.

Teil B: Lösungen im Prüfungsfach Kundenbeziehungsprozesse

1. Prüfung

Aufgabe 1 [15 Punkte]

1.1

[3]

Aussage	Kundenorientierte Alternative
„Ich kann Ihnen da nicht weiterhelfen."	z. B.: *„Ich kann Ihnen im Moment nicht sagen, wo die Ursache für den Fehler liegt, aber ich erkundige mich gerne für Sie."*
„Das fällt nicht in meinen Zuständigkeitsbereich."	z. B.: *„Bleiben Sie bitte am Apparat. Ich verbinde Sie gerne mit dem zuständigen Kollegen."*
„Das habe ich Ihnen doch gerade ausführlich erklärt."	z. B.: *„Ich erkläre Ihnen das auch gerne noch einmal."*

1.2

[8]

Vier Seiten	Botschaft
Sachinhalt Worüber wird informiert?	*Bisher erhalte ich einen Rabatt in Höhe von 5 %.*
Selbstoffenbarung Was sagt der Sender über sich selbst aus?	*Ich wünsche mir einen höheren Rabatt. Mit 5 % bin ich nicht zufrieden.*
Beziehung Wie steht der Sender zum Empfänger? Was hält er von ihm?	*Ich bin ein guter Kunde. Sie sind geschäftlich von mir abhängig.*
Appell Wozu fordert der Sender den Empfänger auf?	*Gewähren Sie mir einen höheren Rabatt!*

1.3

[1]

– Beschwerdeanlässe sind beliebte Gesprächsthemen und werden häufig einem größeren Personenkreis weitererzählt.

– Ein Beschwerdemanagement ermöglicht eine systematische Bearbeitung von Beschwerden nach festen Regeln und verhindert damit imageschädigende Fehler im Umgang mit Kundenbeschwerden.

– u. Ä.

1.4

[3]

– Das unterschiedliche Fachwissen der verschiedenen Teammitglieder wird zusammengeführt.
– Der gemeinsame Austausch fördert die Entwicklung kreativer Lösungen.
– bessere gegenseitige Unterstützung der Mitarbeiter
– erhöhte Motivation durch Gemeinschaftsgefühl
– Verbesserung des Betriebsklimas durch gegenseitiges Kennenlernen
– u. Ä.

Aufgabe 2 [20 Punkte]

2.1
[2]
– Durchsicht des bisherigen Schriftverkehrs mit der SKG GmbH & Co. KG
– Klärung der Ursache, warum die Ware nicht rechtzeitig geliefert wurde
– Prüfen, wo sich die noch nicht gelieferten Bürostühle derzeit befinden
– Prüfen der sofortigen Lieferbereitschaft
– Prüfen, ob die Bürostühle anderweitig verkauft werden könnten

---

2.2
[1]
– verbindliches Angebot und Bestellung
– Bestellung (ohne vorheriges Angebot) und Lieferung
– Lieferung (ohne vorherige Bestellung) und Annahme der Ware

2.3
[4]
– **Verschulden:** Diese Voraussetzung ist beim Gattungskauf zu unterstellen. Das Gegenteil müsste vom Lieferanten nachgewiesen werden.

– **Nachholung möglich:** Der Lieferant ist in der Lage, die Lieferung der Regalteile auch zu einem späteren Zeitpunkt durchzuführen, da es sich um einen Gattungskauf handelt.

– **Fälligkeit:** Die Lieferung hätte bis Ende Mai erfolgen müssen. Die E-Mail stammt vom Juni. Die Lieferung ist also fällig.

– **Mahnung:** Hier nicht notwendig, da der Lieferzeitpunkt „kalendermäßig bestimmt" ist (Lieferung „bis Ende Mai").

– **Fazit:** Die BüKo GmbH befindet sich im Lieferungsverzug (Nicht-rechtzeitig-Lieferung).

2.4
[2]
Der Liefertermin Ende Mai ist ein „kalendermäßig bestimmtes" Datum. Die BüKo GmbH befindet sich auch ohne vorherige Mahnung ab dem 1. Juni in Verzug. Die SKG GmbH & Co. KG kann aber nur vom Vertrag zurücktreten, wenn sie vorher eine angemessene Nachfrist zur Lieferung setzt. Diese Nachfrist wurde nicht gesetzt. Dadurch entfällt das Recht sowohl auf Rücktritt vom Kaufvertrag als auch für den Deckungskauf. Rein rechtlich kann die BüKo GmbH die Bürostühle sofort liefern, da der Kaufvertrag noch gilt.

2.5 **Lösungsvariante 1:**
[3]
– Entschuldigung beim Kunden

– Hinweis darauf, dass ein Rücktritt vom Kaufvertrag wegen fehlender Nachfristsetzung rein rechtlich nicht möglich ist

– Verzicht auf Lieferung aus Kulanzgründen

Begründung:

– Der Kunde soll durch die Kulanz zufriedengestellt werden.

– Die Bürostühle lassen sich anderweitig verkaufen, sodass sich der wirtschaftliche Schaden in Grenzen hält.

Lösungsvariante 2:

– Entschuldigung beim Kunden

– Hinweis darauf, dass ein Rücktritt vom Kaufvertrag wegen fehlender Nachfristsetzung rein rechtlich nicht möglich ist

– sofortige Lieferung am nächsten Werktag

Begründung:

– Die Bürostühle wurden auftragsbezogen für den Kunden beschafft und ließen sich nur schwer anderweitig verkaufen.

– Kundenbeziehungen waren bisher schon problematisch, ein eventueller Verlust des Kunden wird daher in Kauf genommen.

2.6

[4]

– Ohne das Setzen einer Nachfrist:
Bestehen auf Erfüllung des Vertrages + Schadenersatz des Verzögerungsschadens

– Mit angemessener Nachfrist und Androhung von Rücktritt vom Kaufvertrag:
Rücktritt vom Kaufvertrag + Schadenersatz statt der Leistung

2.7 3

[1]

2.8 3

[1]

2.9 20,0 %

[1] *Lösungsweg:*
135,00 + 7,50 = 142,50
179,55 · 100 : 105 = 171,00
(171,00 − 142,50) · 100 % : 142,50 = 20,0 %

2.10 9,75 €

[1] *Lösungsweg:*
(1 100 · 30) · 0,9 = 29 700,00
29 700,00 · 0,98 = 29 106,00
29 106,00 + (48,00 · 3) = 29 250,00
29 250,00 : 3 000 = 9,75

Aufgabe 3 [29 Punkte]

3.1 15.04. d. J.
Erläuterung: Da die Kündigung durch den Arbeitnehmer erfolgt, gilt die Kündigungsfrist nach § 622 Abs. 1.

[1]

3.2 **Vorteile:**

[4]
- größere Auswahl
- bessere Qualifikation
- Neuer Mitarbeiter bringt neue Ideen ein.
- „Betriebsblindheit" kann überwunden werden.
- keine neue freie Stelle durch Umsetzung eines Mitarbeiters
- u. Ä.

Nachteile:

- höhere Kosten
- Einarbeitungszeit notwendig
- höheres Risiko einer Fehlbesetzung
- Einzelne Mitarbeiter fühlen sich übergangen.
- führt ggf. allgemein zu Unzufriedenheit und sinkender Motivation bei den eigenen Mitarbeitern wegen fehlender Karriereperspektiven
- u. Ä.

3.3 **Assessment-Center:** Bewerber sollen in ausgewählten Übungen unter Beobachtung die simulierten Probleme ihrer zukünftigen Stelle lösen.

[3] **Mögliche stellenbezogene Übungen:**

- Rollenspiel: Verhalten in bestimmten Situationen (z. B. Simulation von Verhandlungen mit Lieferanten)

- Stresssituationen: Verhalten in Ausnahmesituationen

- Präsentationsaufgaben: Wissen und Präsentation des Wissens

- Geschäftsessen: Manieren usw.

- Fragebögen, Gruppendiskussion, Interview

3.4
[6]
- Fachkompetenz
- Qualität der Erledigung von Aufgaben
- Arbeitstempo
- fristgerechte Erledigung von Arbeitsaufträgen
- Einhaltung von Qualitätsstandards
- Teamfähigkeit
- u. Ä.

3.5 – Beurteilungsergebnisse können als Grundlage für die Personaleinsatzplanung dienen.

[4] – Das Potenzial der Mitarbeiter wird frühzeitig und vollständig erfasst und kann so besser ausgeschöpft werden.

 – Personalentwicklungsmaßnahmen und Fortbildungsaktivitäten können gezielter durchgeführt werden.

 – Beurteilungsergebnisse ermöglichen eine leistungsbezogene Vergütung.

 – Die Mitarbeiter bekommen Feedback für ihre Arbeit und wissen, wie sie von Vorgesetzten gesehen werden.

 – Mitarbeitermotivation kann durch Leistungsanreize gefördert werden.

3.6 In Betrieben, in denen mindestens vier Mitarbeiter ständig in der automatischen Datenverarbeitung mit personenbezogenen Daten beschäftigt sind, ist ein
[2] Datenschutzbeauftragter zu bestellen.

3.7 – **Aufgabe:** Datenschutzbeauftragte haben die Aufgabe, für die Einhaltung der Daten-schutzgesetze zu sorgen.

[4] – **Rechtsstellung:** Datenschutzbeauftrage sind im Rahmen der Ausübung ihrer Funktion frei von der Weisung der Geschäftsführung.

3.8 1, 3, 6

[3]

3.9 4

[1]

3.10 3

[1]

Aufgabe 4 [16 Punkte]

4.1 −66 095,17

[2] *Lösungsweg:*

$$
\begin{array}{r}
1\,228\,938,40 \\
+\quad 628\,500,11 \\
-\ 1\,345\,655,35 \\
-\quad 577\,878,33
\end{array}
$$

4.2   –116 716,95

[2]   *Lösungsweg:*   1 228 938,40
                                      – 1 345 655,35

4.3   +50 621,78

[2]   *Lösungsweg:*   628 500,11
                                      – 577 878,33

4.4   3

[1]

4.5   5

[1]

4.6   3, 6

[2]

4.7   10 %

[2]   *Lösungsweg:*

$$Gesamtkapitalrentabilität = \frac{(Gewinn + Fremdkapitalzins) \cdot 100\,\%}{Gesamtkapital} = \frac{(1 + 25 \cdot 0{,}08) \cdot 100\,\%}{5 + 25}$$

4.8   20 %

[2]   *Lösungsweg:*

$$Eigenkapitalrentabilität = \frac{Gewinn \cdot 100\,\%}{Eigenkapital} = \frac{(60 - 59) \cdot 100\,\%}{5}$$

4.9   1,67 %

[2]   *Lösungsweg:*

$$Umsatzrentabilität = \frac{Gewinn \cdot 100\,\%}{Umsatz} = \frac{1 \cdot 100\,\%}{60}$$

Aufgabe 5 [20 Punkte]

5.1   6080
          6081
[2]   2600
      an 4403

5.2 4, 3, 1, 2, 5

[2]

5.3 3

[1]

5.4 52,50

[2] *Lösungsweg: 35,00 + (20 % von 35,00 = 7,00) = 42,00 + (42 = 80 %; x = 20 %;*

$x = \dfrac{42 \cdot 20}{80} = 10,50) = 52,50$

5.5 6870
[2] 2600
      an 4404

5.6 143,70

[1] *Lösungsweg:* $\dfrac{900,00 \cdot 19}{119} = 143,70$

5.7 2880
      an 5100
[2]   4800

5.8 2650
      an 5100
[2]   4800

5.9 6800
      2600
[2] an 4405

5.10 4840
        an 2800
[2]

5.11 2402
        an 5100
[2]   4800

2. Prüfung

Aufgabe 1 [15 Punkte]

1.1 Primärforschung: Informationen der Marktforschung werden einmalig oder periodisch wiederkehrend neu erhoben (z. B. mittels schriftlicher Befragung).

[3] Vorteile gegenüber der Sekundärforschung:

- Die Datenerhebung ist genau auf die eigenen Informationsbedürfnisse zugeschnitten.

- Man ist nicht auf (möglicherweise fehlerhaftes, veraltetes bzw. nicht aussagekräftiges) Fremdmaterial angewiesen.

- Die Datenerhebung ist aktuell.

1.2 – offene Fragen: Fragen, die in einem frei formulierten Text in Stichpunkten oder ganzen Sätzen beantwortet werden sollten (z. B. *„Was bedeutet für Sie gute Qualität?"*).

[6] – geschlossene Fragen: Fragen, die die Antwortmöglichkeit einschränken bzw. vorgeben (Multiple Choice)

- rhetorische Fragen: Fragen, die sich von selbst beantworten. Sie werden als stilistisches Mittel eingesetzt, um zusätzliches Interesse zu schaffen oder Einwände vorwegzunehmen (z. B. *„Würden Sie beim gleichen Preis das qualitativ hochwertigere Produkt vorziehen?"*).

- Suggestivfragen: Fragen, die das Ziel einer bewussten Beeinflussung des Gesprächspartners haben (z. B. *„Wollen Sie eigentlich Ihre Servicequalität verbessern?"*)

- Alternativfragen: Fragen mit lediglich zwei Antwortalternativen (Ja oder Nein, entweder ... oder)

- Selektivfragen: Fragen mit mehreren Auswahlmöglichkeiten

- Beurteilungsfragen: Fragen, die eine Bewertung/Einschätzung erfordern (z. B. auf einer Skala von −3 bis +3)

1.3 – Welches Material würden Sie für Ihren Schreibtisch bevorzugen?.

[6] – Über welche Ausstattungsmerkmale sollte Ihr Schreibtisch verfügen?

- Welchen Betrag würden Sie maximal für Ihren Schreibtisch ausgeben?

- Welche Farbe wünschen Sie sich für Ihren Schreibtisch?

- Welche Form sollte Ihr Schreibtisch haben?

- Welche Produkteigenschaften sind für Sie beim Kauf eines Schreibtisches ausschlaggebend?

- Welches Zubehör benötigen Sie für Ihren Schreibtisch?

Aufgabe 2 [20 Punkte]

2.1 Hier: Mangel in der Beschaffenheit (Qualitätsmangel)

[2] Andere Mängelarten:
- Falschlieferung
- Zuweniglieferung
- Montagemangel
- mangelhafte Montageanleitung („Ikea-Klausel")
- Ware ungleich Werbung (Fehlen einer zugesicherten Eigenschaft)

2.2 Der Mangel ist unverzüglich zu rügen.

[2] Beim zweiseitigen Handelskauf (Kauf unter Kaufleuten) gilt die Pflicht, offene Mängel unverzüglich zu rügen.

2.3 Vorrangiges Recht: Recht auf Nacherfüllung, d.h. Nachbesserung oder Neulieferung

[2]

2.4 Nachrangige Rechte (nach Setzen einer angemessenen Nachfrist)

[4] – Rücktritt vom Vertrag (nicht bei geringfügigen Mängeln)

– Minderung (= Preisnachlass) + evtl. Schadenersatz neben der Leistung

– Schadenersatz statt Leistung in Verbindung mit dem Rücktritt vom Vertrag (nur, wenn Verschulden vorliegt, nicht bei geringfügigen Mängeln)

– Ersatz vergeblicher Aufwendungen (nur wenn Verschulden vorliegt, nicht bei geringfügigen Mängeln)

2.5 9 Stück

[1] *Lösungsweg:*
= 4 – 3 + 9 – 1

2.6 629,10 €

[1] *Lösungsweg:*
Ergebnis der Aufgabe 2.5 · 69,90
= 9 · 69,90 = 629,10

2.7 141,41 €

[1] *Lösungsweg:*
69,90 · 1,7 = 118,83
118,83 · 1,19 = 141,41

2.8   17,08 €

[1]   *Lösungsweg:*
89,90 · 1,19 = 106,98
106,98 – 89,90 = 17,08

2.9   80,16 %

[1]   *Lösungsweg:* $\dfrac{(89,90 - 49,90) \cdot 100\,\%}{49,90}$

2.10   5

[1]

2.11   5

[1]

2.12   2

[1]

2.13   3

[1]

2.14   28,00 €

[1]   *Lösungsweg:*
100,00 · 0,8 = 80,00
80,00 · 0,7 = 56,00
56,00 · 0,5 = 28,00

Aufgabe 3 [30 Punkte]

An alle, die weiterkommen möchten!

Stellenbeschreibung

Für den Vertrieb wird zum 1. Oktober

ein Reisender

gesucht.

Aufgabenbereich:
Kundenbesuche zur Vertragsanbahnung und zum Vertragsabschluss im eigenen Namen und auf Rechnung der BüKo GmbH.

Anforderungen:
– Mindestalter: 30 Jahre
– selbstständige Arbeitsweise
– Organisationstalent
– Flexibilität
– ...
– ...

Wir bitten Sie, Ihre Bewerbung bis spätestens 1. Oktober in der Personalabteilung einzureichen. Die Angelegenheit wird vertraulich behandelt.

Die Personalabteilung
Jörg Meier

3.1   Weitere Anforderungen an den Bewerber, z. B.:

[4]   – mittlere Reife oder Abitur
     – abgeschlossene kaufmännische Berufsausbildung
     – fundierte EDV-Kenntnisse (Word, Excel, PowerPoint und Access)
     – gute Ausdrucksfähigkeit
     – gute Umgangsformen
     – sicheres Auftreten
     – Belastbarkeit
     – Führerschein Klasse B
     – Berufserfahrung
     – Englischkenntnisse
     – Verkaufstalent

3.2   Fehler:

[4]   – „Stellenbeschreibung" statt „Stellenausschreibung"

     – Die zu besetzende Stelle ist männlich und weiblich zu bezeichnen (Reisender/ Reisende).

– Die Altersgrenze 30 Jahre bedeutet Altersdiskriminierung und ist deshalb nicht zulässig.

– Einreichen der Unterlagen bis zum 1. Oktober, obwohl die Stelle am 1. Oktober bereits besetzt sein soll

– Vertragsabschlüsse im Namen der BüKo GmbH, nicht im eigenen Namen

– fehlende Jahreszahl beim Besetzungsdatum

3.3

[2]

Als Mitarbeiterfluktuation bezeichnet man den Anteil der dauerhaften Abgänge von Mitarbeitern an der durchschnittlichen Gesamtanzahl der Beschäftigten einer Periode.

3.4

[4]

– Kündigung von Mitarbeitern aufgrund von Unzufriedenheit
– Eintritt in den Ruhestand
– Mutterschutz/Elternzeit
– Tod eines Mitarbeiters
– Nichtübernahme von Auszubildenden
– Wechsel von höher qualifizierten Mitarbeitern in andere Abteilungen

---

3.5

[2]

Nettopersonalbedarf = geplanter Personalbestand – aktueller Personalbestand + Summe der Abgänge – Summe der Zugänge

---

3.6

[4]

Demografische Entwicklung: Anteil der älteren Bevölkerung wächst, Anteil der jüngeren Bevölkerung schrumpft → immer weniger Schul- und Hochschulabsolventen → Mangel an qualifizierten Arbeitskräften

Gegenmaßnahmen:

– Analyse der Altersstruktur der BüKo GmbH als Grundlage für eine strategische Personalplanung

– Positionierung als attraktiver Arbeitgeber für Schulabsolventen (Ausbildungsmarketing)

– Schaffung attraktiver Einstiegsmöglichkeiten für Hochschulabsolventen (Hochschulmarketing)

– Forcierung der Ausbildungsaktivitäten

– Reduzierung der Mitarbeiterfluktuation durch Schaffung einer attraktiven Arbeitsumgebung (z. B. gezielte Personalentwicklung)

– Schaffung familienfreundlicher Arbeitsbedingungen (flexible Arbeitszeiten, Arbeitszeitkonten, Teilzeit- und Telearbeitsplätze, schnelle Reintegration nach der Elternzeit, betriebliche Kinderbetreuung/Betriebskindergarten)

– gesundheitsförderliche Arbeitsbedingungen, um Frühverrentungen zu vermeiden

3.7 – Schalten einer Stellenanzeige
– Anzeige im Internet schalten (Webseite, Stellenbörse)
[4] – Zusammenarbeit mit der Agentur für Arbeit
– Einschalten eines Personalberaters/Personalvermittlers
– gezielt Bewerber ansprechen aufgrund einer Profils in einer Jobbörsen (z. B. Xing)
– Antwort auf Stellengesuche, die in der Zeitung veröffentlicht wurden

3.8 3

[1]

3.9 3

[1]

3.10 2 667,90 €

[1] *Lösungsweg:*
168 Stunden · 15,80 €/Stunde + 13,50 € = 2 667,90 €

3.11 1

[1]

3.12 4

[1]

3.13 2

[1]

Aufgabe 4 [15 Punkte]

4.1 5

[1]

4.2 4

[1]

4.3 4

[1]

4.4 4, 5

[2]

4.5 a) 12,75 €

[6] *Lösungsweg:* $\dfrac{10\,500 - 2\,850}{600}$

b) 11,25 €

Lösungsweg: 24,00 – 12,75

c) 253,33 Stück

Lösungsweg: $\dfrac{2\,850}{11,25}$

4.6 2

[1]

4.7 2

[1]

4.8 1

[1]

4.9 3

[1]

Aufgabe 5 [20 Punkte]

5.1 2401
an 5100
[2]   4800

5.2 6140
2600
[2] an 4401

5.3 5101
4800
[2] an 2401

5.4   5101

         4800

[2]   an 2401

5.5   2800

         an 2401

[2]

5.6   4

[1]

5.7   3

[1]

5.8   2

[1]

5.9   0860

         2600

[2]   an 4402

5.10   4402

[2]   an 0860

           2600

           2800

5.11   1 159,27 €

[2] $\left(\frac{1\,439,10}{3}\right) \cdot \left(\frac{7}{12}\right) = 279,83$ *(Afa 1. Jahr);*

       1 439,10 – 279,83 = 1 159,27

5.12   6520

         an 0860

[1]

3. Prüfung

Aufgabe 1 [15 Punkte]

1.1 Nonverbale visuelle Elemente:

[6]
- Körperhaltung
- Gestik
- Mimik
- Blickkontakt
- äußeres Erscheinungsbild

Nonverbale auditive Elemente:

- Aussprache
- Sprechgeschwindigkeit
- Lautstärke
- Stimmlage
- Modulation/Betonung

1.2 Merkmale für das „aktive Zuhören":

[3]
- den anderen ausreden lassen

- schweigen (passives Zuhören)

- durch Signale wie zustimmendes Nicken, Äußerungen wie „Aha", „Ja", „Richtig", „Natürlich" zeigen, dass man aufmerksam zuhört und den anderen versteht

- wichtige Aussagen mit eigenen Worten zusammenfassen, um das eigene Verständnis zu überprüfen

- Gefühle des Gesprächspartners aufnehmen und wiedergeben

1.3

[3]

Aussage	Kundenorientierte Alternative
„Bisher sind unsere Kunden mit diesem Artikel eigentlich immer sehr zufrieden gewesen."	z. B. *„Es tut mir sehr leid, dass Sie mit unserem Artikel unzufrieden sind."*
„Wenn Sie endlich Ihre offenen Rechnungen bezahlen, dann werden wir Ihnen auch Ihre Bestellung liefern."	z. B. *„Vielen Dank für Ihre Bestellung! Ich sehe allerdings gerade in meiner Kundendatei, dass Ihre letzten Zahlungen noch nicht bei uns eingegangen sind. Haben Sie das möglicherweise übersehen? Sobald das Geld auf unserem Konto ist, liefern wir Ihnen gerne Ihre Bestellung aus."*
„Da kann ich Ihnen auch nicht helfen."	z. B. *„In unserer Serviceabteilung sitzen Kollegen, die Ihnen hoffentlich weiterhelfen können. Soll ich Sie verbinden?"*

1.4

[3]

– Die Ziele der Teamarbeit und die Vorgehensweise werden gemeinsam festgelegt.

– Die zu bewältigenden Aufgaben werden fair auf alle Gruppenmitglieder verteilt.

– Jedes Teammitglied bringt sich aktiv und konstruktiv in die Teamarbeit ein.

– Alle Teammitglieder werden laufend über den Stand der Arbeit informiert.

– Jedes Teammitglied hält sich an getroffene Absprachen.

– Jedes Teammitglied übernimmt Verantwortung für das Erreichen des Gruppenergebnisses.

– Jedes Teammitglied bringt seine Meinung offen ein und akzeptiert die Meinung der anderen Teammitglieder. Gehen die Meinungen auseinander, versuchen alle Teammitglieder, einen gemeinsamen Kompromiss zu finden.

– Konstruktive Kritik ist erwünscht und wird sachlich geäußert, ohne einzelne Teammitglieder persönlich anzugreifen oder deren Selbstwertgefühl zu verletzen.

– Treten im Team Spannungen auf, hat die Auflösung des Konflikts Vorrang vor der zu bewerkstelligenden Arbeit.

Aufgabe 2 [20 Punkte]

2.1

[1]

Debitoren: Kunden
Kreditoren: Lieferanten

2.2

[2]

– Bonität des Kunden prüfen (da Neukunde)
– Lieferfähigkeit bzw. Produktionskapazität klären
– frühestmöglichen Liefertermin ermitteln
– Zahlungsbedingungen klären (z. B. Höhe des Mengenrabatts, Skonto, Zahlungsziel)
– Lieferbedingungen klären (z. B. Lieferung „frei Haus")

2.3

[3]

– genaue Produktbezeichnung
– Menge
– Preis und Preisnachlässe (Rabatt, Skonto, Bonus)
– Lieferzeit
– Verpackungskosten
– Zahlungsbedingungen
– Beförderungsbedingungen
– Erfüllungsort
– Gerichtsstand

2.4

[4]

Durch eine Freizeichnungsklausel kann die Bindung an das Angebot ganz oder teilweise ausgeschlossen werden.
Beispiele:
– „unverbindliches Angebot"
– „freibleibendes Angebot"

- „ohne Obligo"
- „solange der Vorrat reicht"
- „Preis freibleibend"

2.5

[1]

AGB steht für „Allgemeine Geschäftsbedingungen". Es handelt sich dabei um vorformulierte Vertragsbedingungen, die eine Vertragspartei (der Verwender) der anderen Vertragspartei bei Abschluss eines Vertrages stellt.

2.6

[1]

Alle Streitigkeiten bezüglich der Vertragserfüllung müssen in Bayreuth verhandelt werden.

2.7

[1]

Bedeutung „frei Haus": Der Lieferer trägt die gesamten Transportkosten bis zum Empfänger der Ware.

2.8

[3]

Gesetzliche Regelung Lieferung (Leistungsort): Leistungsort ist der Ort des Schuldners, d.h., der Käufer ist verpflichtet, die Ware beim Verkäufer abzuholen („Holschuld") → § 269 BGB.

Gesetzliche Regelung Zahlung (Zahlungsort): Der Käufer hat das Geld auf eigene Gefahr und Kosten dem Verkäufer an seinen Wohnsitz zu übermitteln („Schickschuld") → § 270 BGB.

Gesetzliche Regelung zur Leistungszeit: Sowohl Lieferung als auch Zahlung kann sofort verlangt werden → § 271 BGB.

2.9

[4]

Listenpreis	500,00 €	100 %		
– Liefererrabatt (10 % von LP)	50,00 €	– 10 %		
= Zieleinkaufspreis	450,00 €	90 %	100 %	
– Liefererskonto (2 % vom ZEP)	9,00 €		– 2 %	
= Bareinkaufspreis	441,00 €		98 %	100 %
+ Bezugskosten	39,00 €			
= Bezugspreis (= Einstandspreis)	480,00 €	100 %		
+ Handlungskosten (16⅔ % vom BP)	80,00 €	16⅔ %		
= Selbstkostenpreis	560,00 €	116⅔ %	100 %	
+ Gewinnzuschlag (8 % vom SKP)	44,80 €		8 %	
= Barverkaufspreis	604,80 €	96 %	108 %	
+ Kundenskonto (2 % vom ZVP)	12,60 €	+ 2 %		
+ Vertreterprovision (2 % vom ZVP)	12,60 €	+ 2 %		
= Zielverkaufspreis	630,00 €	100 %	90 %	
+ Kundenrabatt (10 % vom NVP)	70,00 €		+ 10 %	
= Nettoverkaufspreis	700,00 €		100 %	
+ Umsatzsteuer (19 % vom NVP)	133,00 €		+ 19 %	
= Bruttoverkaufspreis	833,00 €		119 %	

Aufgabe 3 [30 Punkte]

3.1 Steuerklasse II

[1]

3.2 – Lohnsteuer → Finanzamt

[6] – Kirchensteuer → Finanzamt

– Solidaritätszuschlag → Finanzamt

– Rentenversicherung → gesetzliche Krankenversicherung

– Arbeitslosenversicherung → gesetzliche Krankenversicherung

– Kranken- und Pflegeversicherung → gesetzliche Krankenversicherung

---

3.3 Die ersten sechs Wochen lang ist die BüKo GmbH zur Lohnfortzahlung im Krankheitsfall verpflichtet. Danach zahlt die Krankenversicherung von Frau Höhn Krankengeld (min-
[4] destens 70 % vom Bruttoeinkommen).

3.4 **Datensicherung:** Daten werden vor Beschädigung, Verlust oder unberechtigtem Zugriff geschützt.

[3] **Datenschutz:** Personenbezogene Daten werden vor unberechtigtem Zugriff geschützt.

Gerade in der Personalabteilung werden besonders viele personenbezogene Daten verarbeitet.

3.5 – Zugangskontrolle: Unbefugten ist der Zugang zur EDV-Anlage zu verwehren.

[4] – Abgangskontrolle: Unbefugte Entfernung von Datenträgern ist zu verhindern.

– Speicherkontrolle: Die unbefugte Kenntnisnahme, Eingabe, Veränderung oder Lö-schung ist zu verhindern.

– Benutzerkontrolle: Das Abrufen von Daten durch Unbefugte ist zu verhindern.

– Eingabekontrolle: Es muss festgestellt werden können, von wem und wann Daten eingegeben wurden.

– Übermittlungskontrolle: Es muss überprüft werden können, zu welchen Stellen Daten übermittelt werden können.

– Organisationskontrolle: Die innerbehördliche oder innerbetriebliche Organisation ist so zu gestalten, dass sie den Anforderungen des Datenschutzes gerecht wird.

3.6 3, 1, 2, 5, 4

[5]

3.7 2650
an 2880

[2]

3.8 6420
an 2800

[2]

3.9 5

[1]

3.10 5

[1]

3.11 2

[1]

Aufgabe 4 [17 Punkte]

4.1 1 745 225,00 €

[1]

4.2 660 075,00 €

[1] *Lösungsweg: 1 745 225 – (532 250 + 552 900)*

4.3 37,82 %

[1] *Lösungsweg:* $\dfrac{660\,075 \cdot 100\,\%}{1\,745\,225}$

4.4 61,69 %

[1] *Lösungsweg:* $\dfrac{(569\,700 + 159\,500 + 160\,400 + 187\,000) \cdot 100\,\%}{1\,745\,225}$

4.5 7,28 %

[1] *Lösungsweg:* $\dfrac{125\,015 \cdot 100\,\%}{1\,745\,225}$

4.6 3, 2, 5, 4, 1

[2]

4.7 2

[1]

4.8 3

[1]

4.9 1

[1]

4.10 5, 4, 3

[3]

4.11 371 100,00 €

Lösungsweg: MGK = 10 % · 220 000 = 22 000; FGK = 10 % · 110 000 = 11 000; 220 000 + 22 000 + 110 000 + 11 000 + 8 100 = 371 000

[2]

4.12 Z. B. Betriebsfeuerwehr, Werkschutz, Kantine, Werksarzt

[2]

Aufgabe 5 [18 Punkte]

5.1 2

[1]

5.2 6030
2600
[2] an 4407

5.3   4

[1]

5.4   6000
       2600
[2]   an 4408

5.5   6001
       2600
[2]   an 4409

5.6   4408
       an 2800
[2]   6002
       2600

5.7   3 940,05
     = (3 777,30 · 0,98) + 238,30
[2]

5.8   4840
       an 2800
[2]

5.9   4

[1]

5.10   16,67 %

[2]   *315,00 (262,50 + 52,50) = 100 %*
     52,50 = x
     $x = \dfrac{52,50 \cdot 100\,\%}{315,00}$

5.11   748 000,00 €

[1]   *117 % = 875 160*
     100 % = x
     $x = \dfrac{875\,160 \cdot 100\,\%}{117}$

4. Prüfung

Aufgabe 1 [16 Punkte]

1.1
[6]
- den Kunden höflich und freundlich behandeln
- trotz des aggressiven Verhaltens des Kunden ruhig und sachlich bleiben
- dem Kunden die Möglichkeit geben, seine Beschwerde vorzutragen
- aufmerksam zuhören und Verständnis zeigen
- die Regeln des aktiven Zuhörens einhalten
- den Sachverhalt unvoreingenommen und sorgfältig prüfen
- sich beim Kunden entschuldigen
- gemeinsam mit dem Kunden nach einer Lösung suchen

1.2 *„Qualität wird bei der BüKo ja offensichtlich ganz großgeschrieben!"*

[8] Sachaspekt: *„Die BüKo GmbH achtet nicht genug auf die Qualität der angebotenen Pro-dukte."* (da die Aussage ja ironisch gemeint war)

Selbstoffenbarungsaspekt: *„Ich bin sehr enttäuscht von der BüKo GmbH."*

Beziehungsaspekt: *„Die BüKo GmbH hat mich schlecht behandelt."*

Appell: *„Tun Sie etwas dafür, das wieder bei mir gutzumachen."*

1.3 Wir verzichten auf unser Recht auf Nachbesserung und bieten dem Kunden zusätzlich zu einem Umtausch an, vom Kaufvertrag zurückzutreten und sein Geld für den Artikel
[2] zurückzuerhalten (Kulanz).

Aufgabe 2 [19 Punkte]

2.1 17.03.20..

[1]

2.2 01.04.20..

[1]

2.3
[2]
- Rücktritt vom Kaufvertrag
- Schadenersatz statt der Leistung

2.4
[2]
- Bestehen auf die Einhaltung des Kaufvertrags
- Schadenersatz neben der Leistung (Verzögerungsschaden)

2.5 Der Verkäufer sichert sich das Eigentum an der verkauften Ware bis zur vollständigen Bezahlung des vereinbarten Kaufpreises.

[1]

2.6 13.04.20..

[1]

2.7

[5]

Listeneinkaufspreis	385,00	100 %	
– Lieferrabatt	154,00	40 %	
Zieleinkaufspreis	231,00	60 %	100 %
– Liefererskonto	6,93		3 %
Bareinkaufspreis	224,07		97 %
+ Bezugskosten	4,93		
Bezugspreis	229,00	100 %	
+ Handlungskosten	57,25	25 %	
Selbstkosten	286,25	125 %	100 %
+ Gewinn	14,31		5 %
Barverkaufspreis	300,56	93 %	105 %
+ Kundenskonto	6,46	2 %	
+ Vertreterprovision	16,16	5 %	
Zieleinkaufspreis	323,18	100 %	75 %
+ Kundenrabatt	107,73		25 %
Listenverkaufspreis (netto)	<u>430,91</u>		100 %

2.8

[6]

Bezugspreis (Annahme)	100,00		100 %
+ Handlungskosten	50,00		50 %
Selbstkosten	150,00	100 %	150 %
+ Gewinn	15,00	10 %	
Barverkaufspreis	165,00	110 %	98 %
+ Kundenskonto	3,37		2 %
Zielverkaufspreis	168,37	80 %	100 %
+ Kundenrabatt	42,09	20 %	
Listenverkaufspreis netto	<u>210,46</u>	100 %	

$$\text{Kalkulationszuschlag} = \frac{(\text{Listenverkaufspreis} - \text{Bezugspreis}) \cdot 100\,\%}{\text{Bezugspreis}}$$

$$= \frac{(210,46 - 100,00) \cdot 100\,\%}{100} = \mathbf{110,46\,\%}$$

$$\textbf{Kalkulationsfaktor} = \frac{\text{Listenverkaufspreis}}{\text{Bezugspreis}} = \frac{210,46}{100} = \mathbf{2,1046}$$

$$\textbf{Handelsspanne} = \frac{(\text{Nettoverkaufspreis} - \text{Einstandspreis}) \cdot 100\,\%}{\text{Nettoverkaufspreis}} = \frac{(210,46 - 100,00) \cdot 100\,\%}{210,46}$$

$$= \mathbf{52,49\,\%}$$

Aufgabe 3 [30 Punkte]

3.1
[3]
– Mitarbeiter werden durch Aufstiegschancen motiviert.
– Das Risiko der Fehlbesetzung ist gering, da der Mitarbeiter bekannt ist.
– Der Mitarbeiter besitzt Betriebskenntnisse und kennt die Unternehmenskultur.
– Die freie Stelle kann schnell besetzt werden.
– Die Beschaffungskosten sind geringer als bei externer Besetzung.

3.2
[3]
– berufliche Qualifikation (z. B. abgeschlossene Berufsausbildung)
– einschlägige Berufserfahrung, die durch Arbeitszeugnisse belegt werden kann
– einschlägige Weiterbildungszertifikate
– spezielle für die Stelle erforderliche Qualifikationsnachweise (z. B. Erste-Hilfe-Kurs)
– u. Ä.

3.3 z. B.

[5]
– Vorauswahl nach festgelegten Kriterien

– Zwischenbescheid versenden

– Analyse und Auswertung der Bewerbungsunterlagen

– Versendung von Einladungen zu Vorstellungsgesprächen entsprechend der Vorauswahl

– Absagen an nicht eingeladene Bewerber versenden

– Durchführung der Bewerbungsgespräche

– Auswertung der Bewerbungsgespräche

– Entscheidung für einen bestimmten Bewerber

– Informieren des Betriebsrates

3.4
[3]
– Analyse der Art, Häufigkeit und Schwere der vermeidbaren Arbeitsunfälle

– Analyse der Ursachen für Arbeitsplatzunfälle, Arbeitswegeunfälle und ggf. auch Berufskrankheiten

– Kontrolle des Vorhandenseins und der Funktionstüchtigkeit von Schutzeinrichtungen

– Entwicklung eines konkreten Maßnahmenkatalogs zur Erhöhung der Arbeitssicherheit

– Beantragung und Beschaffung von sinnvollen zusätzlichen Schutzeinrichtungen

– Präsenz vor Ort zeigen, aufklären

– Durchführung von Mitarbeiterschulungen zum Thema Arbeitssicherheit

3.5   3,45 % (= 41,4 : 12)

[4]   Der Krankenstand war im Januar auf recht hohem Niveau (5,8 %) und sank dann kontinuierlich bis zum August (1,6 %). Ab August war dann wieder ein kontinuierlicher Anstieg zu verzeichnen. Mögliche Ursache für den Anstieg in den Wintermonaten sind Erkältungskrankheiten. Auch die Urlaubszeit in den Sommermonaten wird für den niedrigen Krankenstand in diesen Monaten eine Rolle spielen. Weiterhin ist zu untersuchen, wie die Arbeitsbelastung der BüKo GmbH auf die einzelnen Monate des Jahres verteilt war, um mögliche Zusammenhänge mit dem Krankenstand identifizieren zu können.

3.6   – besondere körperliche Belastungen am Arbeitsplatz
          – besondere psychische Belastungen am Arbeitsplatz
[3]   – schlechtes Betriebsklima
          – Hohe Arbeitsverdichtung führt zur Überforderung der Mitarbeiter.
          – schlechte Verteilung der Arbeitsbelastung
          – Organisatorische Mängel führen zu unnötiger Arbeitsbelastung.
          – Mobbing
          – schwache Mitarbeitermotivation bis hin zur inneren Kündigung

3.7   3

[1]

3.8   3

[1]

3.9   4

[1]

3.10 5

[1]

3.11 3, 1, 5

[3]

3.12 1

[1]

3.13 4

[1]

Aufgabe 4 [15 Punkte]

4.1   60,00

[2]   *Lösungsweg:* $\dfrac{\text{gesamte variable Kosten}}{\text{Menge}} = \dfrac{6\,000}{100}$

4.2   55,00

[2]   *Lösungsweg: Marktpreis je Stück* $= \dfrac{Umsatz}{abgesetzte\ Menge} = \dfrac{11\,500}{100} = 115,00$

       $db = p - k_v = 115,00 - 60,00 = 55,00$

4.3   418,18 → gerundet: 419 Stück

[2]   *Lösungsweg:* $BEP = \dfrac{Fixkosten}{db} = \dfrac{23\,000,00}{55,00}$

4.4   21 922,00

[2]   *Lösungsweg: 3 200,00 (FM) + 1 536,00 (48 % MGK) + 6 510,00 (FL) + 10 416,00*
       (160 % FGK) + 260,00 (SEK Fertigung)
       NR: FL = 250 · 16,00 + 100 · 12,50 + 90 · 14,00 = 6 510,00

4.5   27 701,72

[2]   *Lösungsweg: 21 922,00 + 5 699,72 (26 % VwGK/VtGK) + 80,00 (SEK Vertrieb)*

4.6   4, 2, 6

[3]

4.7   Einzelkosten sind dem Kostenträger direkt zurechenbar, Gemeinkosten nur über Zu-
       schlagssätze.

[2]

Aufgabe 5 [20 Punkte]

5.1   6080
       2600
[2]   an 4405

5.2   6081
       2600
[2]   an 4401

5.3 am 24.09.:

[4] 4405
an 2800
    6082
    2600

am 26.09.:

4401
an 2800

5.4 87,53 €

[1] $= (89,00 \cdot 0,97) + \dfrac{24,00}{20}$

5.5 22 Tage

[1]

5.6 24,54 €

[1] $= \dfrac{4\,723,40 \cdot 8,5 \cdot 22}{100 \cdot 360}$

5.7 121,54 €

[1] $= (4\,869,48 - 4\,723,40) - 24,54$

5.8 2402
an 5100
[2]   4800

5.9 2800
5101
[2] 4800
an 2402

5.10 70,20

[1] $= 35,10 \cdot 2$

5.11 83,54

[1] $= 119\,\% \cdot 70,20$

5.12 3001
an 5421
[2]   4800

5. Prüfung

Aufgabe 1 [15 Punkte]

1.1

[3]

– Klang: Der Klang der Stimme sollte an den Sprechinhalt angepasst sein; warme, freundliche, teilnehmende, keine aufdringliche Sprache.

– Lautstärke: mit mittlerer Lautstärke sprechen, Brüllen und Flüstern vermeiden

– Geschwindigkeit: nicht zu schnell sprechen und auf Pausen achten

– Modulation: wichtige Begriffe betonen und Monotonie in der Stimmführung vermeiden

---

1.2

[2]

Der Preis sollte nicht isoliert, sondern immer in Verbindung mit Produktvorteilen bzw. zum Wert des Produkts genannt werden.

1.3

[4]

Z. B.: *„Ja, damit haben Sie recht, aber wir bieten Ihnen auch noch einen kostenlosen Aufbauservice und entsorgen Ihren alten Schreibtisch kostenlos!"* *[alternativ andere Serviceleistung]*

1.4

[3]

Aussage	Kundenorientierte Alternative
„Jetzt übertreiben Sie aber. So schlimm ist das nun auch wieder nicht."	z. B. *„Ich kann Ihren Ärger absolut nachvollziehen und kann mich nur in aller Form für die Unannehmlichkeiten, die Ihnen entstanden sind, entschuldigen."*
„Sie hätten vor einer Woche anrufen müssen. Jetzt ist der Artikel vergriffen."	z. B. *„Der Artikel ist mittlerweile leider vergriffen. Ich kann Ihnen aber sehr gerne eine Alternative anbieten."*
„Sie haben unvollständige Unterlagen eingereicht."	z. B. *„Seien Sie doch bitte so nett und senden mir noch die folgenden Unterlagen zu: … . Sobald diese Unterlagen bei uns eingegangen sind, werde ich mich sehr gerne um Ihre Anliegen kümmern."*

1.5

[3]

z. B.

– den Text zunächst grob überfliegen

– anschließend den Text intensiv lesen

– das Wichtigste unterstreichen (Kernbegriffe, Wortgruppen, Sätze)

– ggf. unterschiedliche Farben einsetzen

– sinnvolle Abschnitte bilden

– Sätze mit den Kernaussagen des Abschnittes formulieren

Aufgabe 2 [20 Punkte]

2.1

[3]

Listenpreis	500,00 €	100 %	
– Liefererrabatt (10 % von LP)	50,00 €	– 10 %	
= Zieleinkaufspreis	450,00 €	90 %	100 %
– Liefererskonto (2 % vom ZEP)	9,00 €		– 2 %
= Bareinkaufspreis	441,00 €		98 %
+ Bezugskosten	39,00 €		
= Bezugspreis (= Einstandspreis)	480,00 €		

2.2

[5]

- Zahlungsbedingungen
- Lieferzeit
- Qualität
- Serviceleistungen (z. B. Ersatzteillieferung, Wartungsvertrag)
- technische Ausstattung
- Gewährleistung

2.3

[4]

Bestellrhythmusverfahren: Die Bestellung erfolgt in regelmäßigen Zeitabständen, ein annähernd konstant bleibender Absatz wird unterstellt.

Bestellpunktverfahren: Die Bestellung erfolgt immer dann, wenn ein vorher festgelegter Meldebestand erreicht ist.

Vorteile des Bestellpunktverfahrens:

- im Vergleich zum Bestellrhythmusverfahren nur sehr niedriger Sicherheitsbestand notwendig

- höhere Sicherheit bei schwankendem Verbrauch

- Größere Flexibilität ermöglicht niedrigere Lagerbestände und damit niedrigere Lagerkosten (insbesondere weniger gebundenes Kapital).

2.4

[3]

Z. B.:

- „freibleibendes Angebot"
- „unverbindliches Angebot"
- „solange der Vorrat reicht"
- „Angebot gilt nur bis zum 25.01.20.."
- „Wir bieten Ihnen unverbindlich an ..."

2.5

[1]

3

2.6

[1]

2

2.7 1

[1]

2.8 2

[1]

2.9 1

[1]

Aufgabe 3 [30 Punkte]

3.1 **Neubedarf:** Welche Mitarbeiter für neue Aufgaben sind notwendig?

[3] **Zusatzbedarf:** Wie viele zusätzliche Mitarbeiter sind für bestehende Mitarbeiter erforderlich?

Ersatzbedarf: Welcher „natürliche" Besetzungsbedarf ergibt sich aus der voraussichtlichen Fluktuation der Arbeitnehmer?

3.2 – Erzeugnisart
  – Herstellmenge
[4] – technische Entwicklung
  – Geschäftsstrategie
  – durchschnittliche Leistung der Arbeitskräfte
  – Rationalisierungsmaßnahmen
  – Fehlzeiten und Fluktuation
  – u. Ä.

3.3 Gesamtzeitbedarf Regalsystem „New Order": 25 Std./St. · 500 St./Monat =
  12 500 Std./Monat

[5] Gesamtzeitbedarf Regalsystem „Tower": 30 Std./St. · 150 St./Monat =
  4 500 Std./Monat

Personalbedarf Regalsystem „New Order": $\frac{25 \cdot 500}{150} = 83,33 + 10\,\% = 83,33 + 8,33 =$
  91,66 Mitarbeiter

Personalbedarf Regalsystem „Tower": $\frac{30 \cdot 150}{150} = 30 + 10\,\% = 30 + 3 =$
  33 Mitarbeiter

Gesamtpersonalbedarf: 91,66 + 33 = 124,66 ≈ **125 Mitarbeiter**

3.4 1

[1]

3.5   5

[1]

3.6   4

[1]

3.7   4

[1]

3.8   3, 5

[2]

3.9   3

[1]

3.10   7

[2]   *Lösungsweg: 140 · 0,05*

3.11   *720,00 €*

[2]   *Lösungsweg: 3 : 140 = 2,1 % → 180,00 € · 4 = 720,00 €*

3.12   2, 5

[2]

3.13   4

[1]

3.14   **Ausbildung:** berufliche Erstausbildung im dualen System (Betrieb und Berufsschule)

[4]   **Weiterbildung:** Anpassungsweiterbildung, Aufstiegsweiterbildung, Umschulung

      Laufbahnplanung: sinnvoll, wenn höhere Positionen nicht durch außerbetriebliche Bewerber, sondern durch Betriebsangehörige besetzt werden sollen

      Betriebliche Beförderung: Sie liegt vor, wenn ein Mitarbeiter in der Unternehmenshierarchie aufgestiegen ist.

Aufgabe 4 [17 Punkte]

4.1

[8]

Nr.	Geschäftsfälle	Kosten	Leis-tungen	Neutrale Aufwen-dungen	Neutrale Erträge
1.	Miete für eine gemietete Produktionshalle	X			
2.	Vierteljahreszahlung der Grundsteuer für das Betriebsgebäude	X			
3.	Bestandserhöhung bei den Vorräten an unfertigen Erzeugnissen		X		
4.	Zahlung von Weihnachtsgeld an die Arbeitnehmer	X			
5.	Erträge aus dem Verkauf vor Wertpapieren				X
6.	Jahresbeitrag für den „Verein der Freunde und Förderer des Richard-Wagner-Gymnasiums"			X	
7.	Schadenersatzleistung der Feuerversicherung für Brandschäden im Lager				X
8.	Abschreibungen	X			

4.2 150 000,00 €

[2] *Lösungsweg:*
Gemeinkosten = 48 000 + 40 000 + 20 000 + 82 000 + 22 000 = 212 000
212 000 − 50 000 (Verw. + Vertr.GK) = 162 000, davon 12 000 MGK (10 % MGK-Zuschlagssatz)
bleiben 150 000 FGK

4.3 150 %

[2] *Lösungsweg:*
100 000 (FL) = 100 %
150 000 (FGK) = x

$$x = \frac{150\,000 \cdot 100\,\%}{100\,000} = 150\,\%$$

4.4 78,00

[2] *Lösungsweg:*
6,5 % von 43 800 = 2 847
6,5 % von 42 600 = 2 769
2 847 − 2 769 = 78,00

4.5 3

[1]

4.6   3

[1]

4.7   1

[1]

Aufgabe 5 [18 Punkte]

5.1   3

[1]

5.2   12

[1]   *= 232 − 175 + 130 − 90 − 85*

5.3   1 150 000

[1]   *= 8 600 000 − 7 800 000 + 400 000 − 50 000*

5.4   2403

an 5000

[2]   4800

5.5   5001

4800

[2]   an 2403

5.6   6821

an 2880

[2]

5.7   4, 3, 5, 2, 1, 6 (Hinweis: 4 und 5 können in der Reihenfolge auch getauscht werden)

[3]

5.8   6080

6081

[2]   2600

an 4403

5.9   115,00 €

[2]   *= 85,00 + (15 % von 85,00 = 12,75) = 97,75; 97,75 = 85 %; x = 15 %; x = 97,75 ⋅ $\frac{15}{85}$ = 17,25;*
     97,75 + 17,25 = 115,00

5.10   5

[1]

5.11   5 250,00
    Lösungsweg: 4 620,00 · $\frac{100}{88}$

[1]

Auswertung der Testergebnisse im Prüfungsfach Kundenbeziehungsprozesse

Jede Aufgabe ist mit den angegebenen Punkten zu bewerten. Die einzelnen Punkte werden addiert. In jeder Klausur können maximal 100 Punkte erreicht werden.

Ab der Note 4,6 gilt die Prüfung als nicht bestanden. Die Note ergibt sich durch Zuordnung der erzielten Punktzahl in die folgende Tabelle:

Punkte	Note			Punkte	Note	
100 – 99	1,0			66	3,6	
98 – 97	1,1			65	3,7	
96	1,2	Note „Sehr gut"		64	3,8	
95	1,3			63 – 62	3,9	
94	1,4			61 – 60	4,0	Note „Ausreichend"
93 – 92	1,5			59 – 58	4,1	
91	1,6			57 – 56	4,2	
90	1,7			55 – 54	4,3	
89	1,8			53 – 52	4,4	
88	1,9			51 – 50	4,5	
87	2,0	Note „Gut"		49 – 47	4,6	
86	2,1			46 – 45	4,7	
85	2,2			44 – 43	4,8	
84	2,3			42 – 41	4,9	
83	2,4			40	5,0	Note „Mangelhaft"
82 – 81	2,5			39	5,1	
80	2,6			38 – 37	5,2	
79	2,7			36 – 35	5,3	
78	2,8			34 – 33	5,4	
77	2,9			32 – 30	5,5	
76	3,0	Note „Befriedigend"		29 – 25	5,6	
75 – 74	3,1			24 – 20	5,7	Note „Ungenügend"
73 – 72	3,2			19 – 15	5,8	
71 – 70	3,3			14 – 10	5,9	
69 – 68	3,4			9 – 0	6,0	
67	3,5					

Prüfungsfach Wirtschafts- und Sozialkunde

Im Prüfungsfach Wirtschafts- und Sozialkunde soll der Prüfling in einer 60-minütigen schriftlichen Prüfung nachweisen, dass er in der Lage ist, allgemeine wirtschaftliche und gesellschaftliche Zusammenhänge der Berufs- und Arbeitswelt darzustellen und zu bewerten.

Der typische Prüfungsaufbau besteht aus den folgenden fünf Themenbereichen, die in unterschiedlichem Umfang abgeprüft werden:[1]

Inhalte/Themengebiete	Anteil in %
A. Stellung, Rechtsform und Organisationsstruktur	40
B. Produkt- und Dienstleistungsangebot	20
C. Berufsbildung	20
D. Sicherheit und Gesundheitsschutz bei der Arbeit	10
E. Umweltschutz	10

A. Stellung, Rechtsform und Organisationsstruktur:

- Zielsetzung, Aufgaben und Stellung des Ausbildungsbetriebes im gesamtwirtschaftlichen und gesamtgesellschaftlichen Zusammenhang
- Rechtsformen
- Investition und Finanzierung
- Unternehmensorganisation

B. Produkt- und Dienstleistungsangebot:

- Leistungserstellung
- Wirtschaftssektoren
- Marktpreisbildung
- Markt- und Wettbewerbssituation
- Konjunktur

C. Berufsbildung:

- Ausbildungsvertrag und duales System der Berufsausbildung
- arbeits-, sozial- und mitbestimmungsrechtliche Vorschriften

D. Sicherheit und Gesundheitsschutz bei der Arbeit:

- Gesundheit am Arbeitsplatz
- Arbeitsschutz- und Unfallverhütungsvorschriften
- Verhalten bei Unfällen
- Brandschutz

E. Umweltschutz:

- Regelungen des Umweltschutzes
- Umweltschonenden Energie- und Materialverwendung
- Abfallvermeidung

---

[1] Quelle: Prüfungskatalog für die IHK-Abschlussprüfung, 1. Auflage 2015

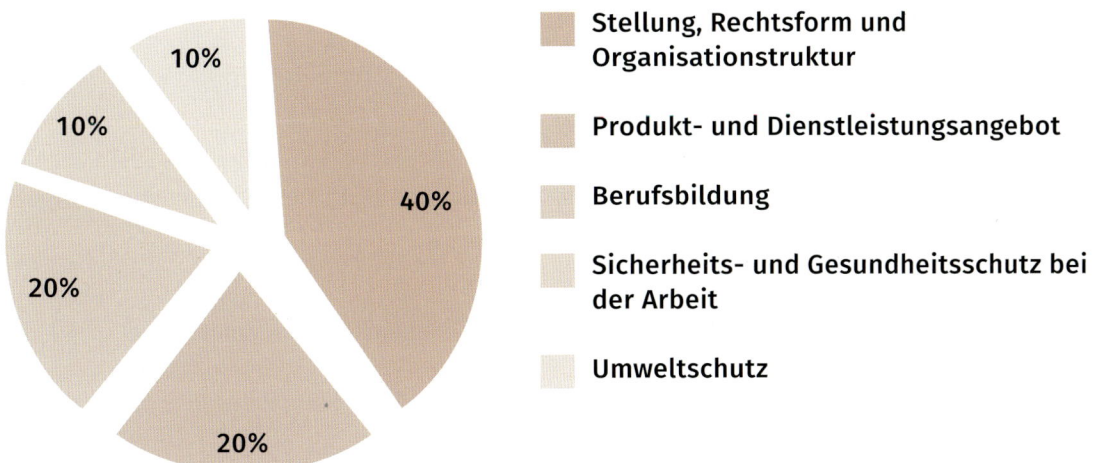

Legende:
- Stellung, Rechtsform und Organisationstruktur
- Produkt- und Dienstleistungsangebot
- Berufsbildung
- Sicherheits- und Gesundheitsschutz bei der Arbeit
- Umweltschutz

In der Abschlussprüfung im Prüfungsfach Wirtschafts- und Sozialkunde sind insgesamt 100 Punkte zu erreichen. Bei 30 Aufgaben wird jede Aufgabe mit 3,333 Punkten ($\frac{100}{30}$) bewertet. Die Zahl der Aufgaben kann von Prüfungstermin zu Prüfungstermin leicht abweichen. Dadurch ändert sich dann auch die Punktzahl je Aufgabe. Bei 28 statt 30 Aufgaben bspw. würde jede Aufgabe folglich mit 3,5714 Punkten ($\frac{100}{28}$) bewertet.

Teil A: Prüfungen

1. Prüfung

Sie sind Mitarbeiter/-in in der BüKo GmbH (siehe nachfolgende Unternehmensbeschreibung).

Beschreibung des Unternehmens

Firma	BüKo GmbH, Büroeinrichtungs- und Kommunikationssysteme
Geschäftszweck	Herstellung und Vertrieb von Büroeinrichtungs- und Kommunikationssystemen
Geschäftssitz	Ludwig-Thoma-Str. 47, 95447 Bayreuth
Registergericht	Amtsgericht Bayreuth HR B 345-0815 USt-IdNr.: DE999666333 Die BüKo GmbH ist Mitglied des Arbeitgeberverbands. Der Tarifvertrag findet Anwendung.
Geschäftsjahr	1. Januar bis 31. Dezember
Bankverbindungen	Sparkasse Bayreuth BIC BYLADEM1SBT IBAN DE29 7735 0110 0001 5427 53 Postbank Nürnberg BIC PBNKDEFFXXX IBAN DE58 7601 0085 0013 4616 46
Produktprogramm (eigene Erzeugnisse)	• Konferenztische • Konferenzstühle • Besucherstühle • Bürostühle • Regalsysteme
Dienstleistungen	• Lieferung und Montage von Büromöbeln • Entsorgung von Altmöbeln
Handelswaren	• Warengruppe 1: Bürotechnik • Warengruppe 2: Büroeinrichtung • Warengruppe 3: Verbrauch • Warengruppe 4: Organisation
Fertigungsverfahren	Einzel- und Serienfertigung
Stoffe/Vorprodukte	• Rohstoffe: Holz, Furniere, Möbelbezugsstoffe, Scharniere • Hilfsstoffe: Lacke, Klebstoffe, Schrauben, Nägel • Betriebsstoffe: Strom, Gas, Wasser, Heizöl, Schmierstoffe • Vorprodukte: Türschlösser, Türknöpfe • Energie: Strom, Gas
Mitarbeiter	• Angestellte: 42 • Arbeiter: 98 • Auszubildende: 8 Ein Betriebsrat und eine Jugend- und Auszubildendenvertretung sind eingerichtet.

Aufgaben

Situation zu den Aufgaben 1 bis 6

Die Auszubildende Birgit Schmidt (20 Jahre) absolviert bei der BüKo GmbH eine Ausbildung zur Kauffrau für Büromanagement. Ihr Berufsausbildungsverhältnis endet zum 31.07.20.. . Am 05.05.20.. schließt Frau Schmidt rechtswirksam einen Arbeitsvertrag mit der BüKo GmbH ab. Sie verpflichtet sich, sofort nach bestandener Abschlussprüfung dort zu arbeiten. Am 09.05.20.. nimmt Frau Schmidt an der schriftlichen Abschlussprüfung teil.

Aufgabe 1

Frau Schmidt möchte am 08.05.20.. freigestellt werden, um sich zu Hause noch einmal intensiv auf die Prüfung vorzubereiten. Muss die BüKo GmbH diesen freien Tag gewähren? Prüfen Sie dies auch anhand des abgebildeten Gesetzesauszugs.

(1) Die BüKo GmbH muss Frau Schmidt freistellen, wenn der Tag vor der Prüfung ein Berufsschultag ist.

(2) Die BüKo GmbH muss Frau Schmidt freistellen, wenn der Prüfungstag ein Berufsschultag ist.

(3) Die BüKo GmbH muss Frau Schmidt nicht zwingend freistellen, weil sie zum Prüfungszeitpunkt bereits volljährig ist.

(4) Die BüKo GmbH muss Frau Schmidt freistellen. Diese muss den ausgefallenen Tag allerdings nacharbeiten.

(5) Die BüKo GmbH muss Frau Schmidt freistellen, sie muss sich dafür allerdings einen Urlaubstag anrechnen lassen.

Auszug aus dem JArbSchG

...

§ 10 Prüfungen und außerbetriebliche Ausbildungsmaßnahmen
(1) Der Arbeitgeber hat den Jugendlichen
1. für die Teilnahme an Prüfungen und Ausbildungsmaßnahmen, die auf Grund öffentlich-rechtlicher oder vertraglicher Bestimmungen außerhalb der Ausbildungsstätte durchzuführen sind,
2. an dem Arbeitstag, der der schriftlichen Abschlussprüfung unmittelbar vorangeht, freizustellen.

...

Auszug aus dem ArbZG

...

§ 4 Ruhepausen
Die Arbeit ist durch im voraus feststehende Ruhepausen von mindestens 30 Minuten bei einer Arbeitszeit von mehr als sechs bis zu neun Stunden und 45 Minuten bei einer Arbeitszeit von mehr als neun Stunden insgesamt zu unterbrechen. Die Ruhepausen nach Satz 1 können in Zeitabschnitte von jeweils mindestens 15 Minuten aufgeteilt werden. Länger als sechs Stunden hintereinander dürfen Arbeitnehmer nicht ohne Ruhepause beschäftigt werden.

...

Aufgabe 2

Frau Schmidt wird von Montag bis Donnerstag jeweils von 7:00 Uhr bis 16:00 Uhr beschäftigt. Wann muss sie an diesen Tagen spätestens eine Pause bekommen? Prüfen Sie dazu auch den oben stehenden Gesetzesauszug.

(1)   um 11:00 Uhr

(2)   um 11:30 Uhr

(3)   um 12:00 Uhr

(4)   um 12:30 Uhr

(5)   um 13:00 Uhr

Aufgabe 3

Frau Schmidt besteht am 28.06.20.. ihre Abschlussprüfung. Wann kann sie frühestens bei der BüKo GmbH anfangen?

(1)   nachdem sie sich die Zustimmung bei der IHK geholt hat

(2)   am 28.06.20.., also am letzten Prüfungstag der Abschlussprüfung

(3)   am 29.06.20.., also am ersten Tag nach dem Bestehen der Abschlussprüfung

(4)   am 01.07.20.., also zu Beginn des Folgemonats der bestandenen Abschlussprüfung

(5)   am 01.08.20.., da der Ausbildungsvertrag bis zum 31.07.20.. läuft

Aufgabe 4

Welche der unten stehenden Regelungen ist ebenfalls im Jugendarbeitsschutzgesetz enthalten?

(1)   Kündigung des Ausbildungsverhältnisses

(2)   Regelung der Ausbildungsdauer und Inhalte der Ausbildung

(3)   passives Wahlrecht bei der Betriebsratswahl

(4)   Durchführung einer ärztlichen Nachuntersuchung

(5)   reguläres Ausbildungsende und Möglichkeit der Wiederholungsprüfung

Aufgabe 5

Der Arbeitgeber muss die Jugendlichen über die Unfall- und Gesundheitsgefahren, denen sie bei der Beschäftigung ausgesetzt sind, sowie über Einrichtungen und Maßnahmen zur Abwendung dieser Gefahren unterweisen.
Welche Stellungnahme zu dieser Aussage ist zutreffend?

(1) Dies gilt grundsätzlich nur dann, wenn sie ihn danach fragen.

(2) Dies gilt nur vor Beginn der Beschäftigung und bei wesentlichen Änderungen der Arbeitsbedingungen.

(3) Dies gilt nur dann, wenn er von den Eltern der Jugendlichen darum gebeten wird.

(4) Dies gilt nur dann, wenn es der Unfallversicherungsträger ausdrücklich verlangt.

(5) Dies gilt nur zu Beginn des Ausbildungsverhältnisses.

Aufgabe 6

Laut Jugendarbeitsschutzgesetz dürfen Jugendliche nicht beschäftigt werden mit Arbeiten,

(1) die ihnen keinen Spaß machen.

(2) deren Sinn sie nicht erkennen können.

(3) die ihre physische und psychische Leistungskraft übersteigen.

(4) die besser vom Computer erledigt werden können.

(5) die nicht in der Ausbildungsordnung aufgelistet sind.

Situation zu den Aufgaben 7 bis 10

Die Geschäftsführung der BüKo GmbH hat sich zum Ziel gesetzt, die Ablauforganisation zu optimieren. Dazu wird das Projektteam „Prozessorganisation" gebildet, das ein entsprechendes Konzept vorlegen soll. Sie werden gebeten, in dem Projektteam mitzuarbeiten.

Aufgabe 7

Welche der folgenden Aussagen ist keine Grundregel für eine erfolgreiche Teamarbeit?

(1) Die Ziele der Teamarbeit und die Vorgehensweise werden gemeinsam festgelegt.

(2) Die zu bewältigenden Aufgaben werden fair auf alle Teammitglieder verteilt.

(3) Jedes Teammitglied hält sich an getroffene Absprachen.

(4) Jedes Teammitglied übernimmt Verantwortung für das Erreichen der angestrebten Ziele.

(5) Treten im Team Meinungsverschiedenheiten und Spannungen auf, müssen einzelne Teammitglieder aus dem Team entfernt werden.

Aufgabe 8

Mit welchen der folgenden Aufgaben befasst sich die Ablauforganisation nicht?

(1) Personaleinsatzplanung

(2) Sachmittelplanung

(3) Raumplanung

(4) Zeitplanung

(5) Stellenplanung

Aufgabe 9

Im Projektteam „Prozessorganisation" diskutieren Sie die Frage, ob die Arbeits- und Prozessabläufe des Unternehmens zukünftig grundsätzlich in Form von Arbeitsablaufdiagrammen dargestellt werden sollen.
Welche der folgenden Aussagen ist kein Argument für eine Darstellung in Form von Arbeitsablaufdiagrammen?

(1) Die grafische Darstellung in Form von Arbeitsablaufdiagrammen erleichtert die Aufnahme von Informationen.

(2) Die grafische Darstellung in Form von Arbeitsablaufdiagrammen beschleunigt die Aufnahme von Informationen.

(3) Die grafische Darstellung in Form von Arbeitsablaufdiagrammen minimiert die Kosten bei der Dokumentation der Arbeitsabläufe.

(4) Die grafische Darstellung in Form von Arbeitsablaufdiagrammen hilft dabei, Rationalisierungspotenziale im Arbeitsablauf auszuschöpfen.

(5) Die grafische Darstellung in Form von Arbeitsablaufdiagrammen erleichtert es, Störungen im Arbeitsablauf zu identifizieren.

Aufgabe 10

Welche Bedeutung hat das Symbol □ im Arbeitsablaufdiagramm?

(1) Bearbeiten

(2) Prüfen

(3) Transportieren

(4) Lagern/Ablage

(5) Verzögerung

Aufgabe 11

Welche Unternehmenszielsetzung entspricht dem erwerbswirtschaftlichen Prinzip?

(1) Der größtmögliche Umsatz soll angestrebt werden.

(2) Der größtmögliche Absatz soll angestrebt werden.

(3) Der größtmögliche Gewinn soll angestrebt werden.

(4) Das größtmögliche Marktvolumen soll angestrebt werden.

(5) Der größtmögliche Beschäftigungsstand soll angestrebt werden.

Aufgabe 12

Welche der folgenden Aussagen zu den Geld- und Güterströmen im einfachen Wirtschaftskreislauf ist richtig?

(1) Staatliche Sozialleistungen fließen von den Banken zu den Haushalten.

(2) Güter fließen von den Haushalten zu den Unternehmen.

(3) Einkommen fließen von den Haushalten zu den Banken.

(4) Löhne und Gehälter fließen von den Unternehmen zu den Haushalten.

(5) Subventionen fließen von den Banken zum Staat.

Aufgabe 13

In welchem der folgenden Beispiele wird das angegebene Gut als Produktionsgut (Investitionsgut) verwendet?

(1) In den Büroräumen der BüKo GmbH wird aufgrund des runden Geburtstages eines Kollegen eine Flasche Sekt getrunken.

(2) Ein Maschinenbauunternehmen kauft sich eine neue Spezialmaschine für die Maschinenherstellung.

(3) Ein Mitarbeiter kauft sich einen Pkw, um in Zukunft damit zur Arbeit fahren zu können.

(4) In der Mittagspause bestellen sich einige Mitarbeiter eine Pizza.

(5) Ein Auszubildender kauft sich einen Schreibtisch für seine Wohnung.

Aufgabe 14

Welche der genannten Funktionen erfüllt der Preis X im unten dargestellten Diagramm?

(1) Er gibt die Marktstellung des Anbieters an.

(2) Er gibt die Marktstellung des Nachfragers an.

(3)   Er gibt den objektiven Wert des Gutes an.

(4)   Er sorgt für den Ausgleich zwischen Angebot und Nachfrage.

(5)   Er sorgt für die Deckung der Kosten.

Diagramm zu Aufgabe 14

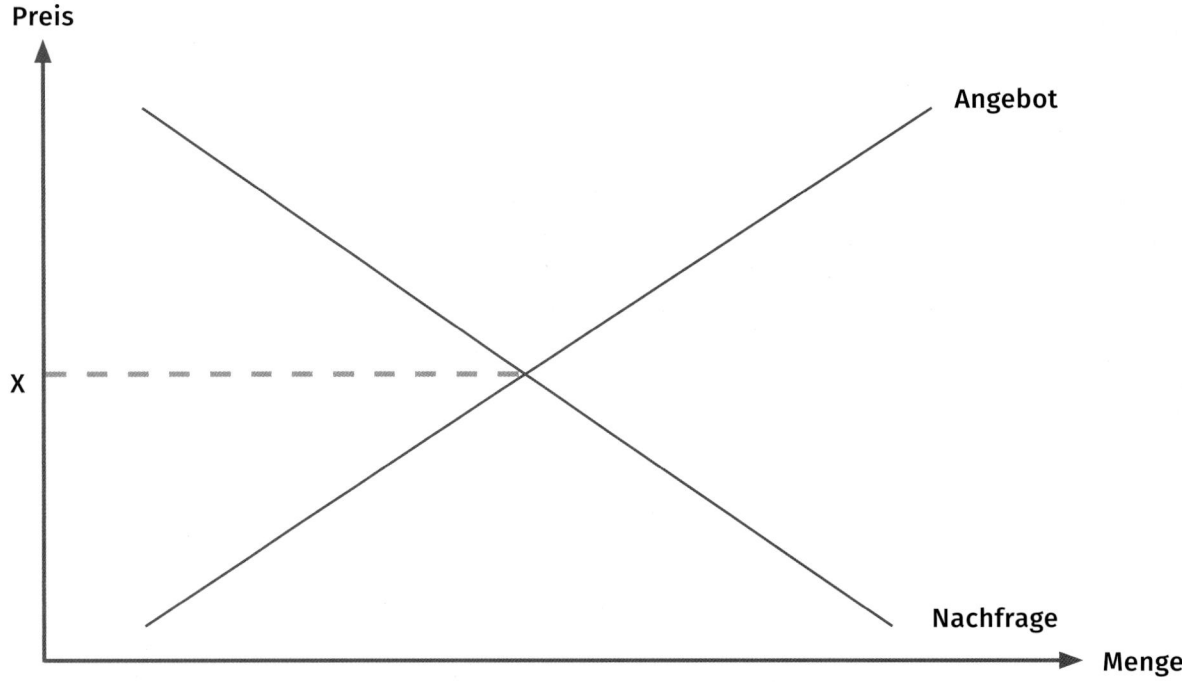

Aufgabe 15

Man unterscheidet volkswirtschaftliche und betriebswirtschaftliche Produktionsfaktoren. In welcher Kombination sind die betriebswirtschaftlichen Produktionsfaktoren vollständig aufgeführt?

(1)   Arbeit, Betriebsmittel, Kapital, Bildung

(2)   Arbeit, Boden, Werkstoffe, Bildung

(3)   Arbeit, Betriebsmittel, Werkstoffe, Planung

(4)   Arbeit, Betriebsmittel, Kapital, Planung

(5)   Arbeit, Werkstoffe, Boden, Planung

Aufgabe 16

Einem Abteilungsleiter der BüKo GmbH wurde Prokura erteilt. Für welchen Vorgang muss er dennoch eine zusätzliche Genehmigung einholen?

(1)   Abschluss eines Kaufvertrages

(2)   Erteilung einer Handlungsvollmacht

(3) Verkauf eines Grundstückes

(4) Übernahme einer Wechselverbindlichkeit

(5) Vertretung in einem gerichtlichen Rechtsstreit

Aufgabe 17

Welches der folgenden Rechte steht dem Prokuristen zu?

(1) Inventar und Bilanz unterschreiben

(2) Gesellschafter aufnehmen

(3) Handlungsvollmacht erteilen

(4) Prokura erteilen

(5) Verkauf der Unternehmung

Aufgabe 18

Welche der folgenden Aussagen zur Rechts- und Geschäftsfähigkeit sind falsch (zwei Lösungen)?

(1) Rechtsfähigkeit ist die Fähigkeit, Träger von Rechten und Pflichten zu sein.

(2) Geschäftsfähigkeit ist die Fähigkeit, Rechtsgeschäfte wirksam abschließen zu können.

(3) Geschäftsfähigkeit ist die Fähigkeit, Willenserklärungen rechtswirksam abgeben zu können.

(4) Ein dauernd geisteskranker 22-Jähriger, der entmündigt wurde, ist geschäftsunfähig.

(5) Ein acht Tage altes Kind kann nicht steuerpflichtig sein.

(6) Ein zwölfjähriges Kind kann Eigentümer einer Unternehmung sein.

(7) Juristische Personen sind nicht rechtsfähig, sie sind nur voll geschäftsfähig.

Aufgabe 19

Welches Rechtsgeschäft kann ein 17-Jähriger ohne Zustimmung seines gesetzlichen Vertreters rechtswirksam vornehmen?

(1) Er meldet sich verbindlich zu einer kostenlosen Fortbildungsveranstaltung an.

(2) Er nimmt einen Kredit auf, um sich eine Stereoanlage kaufen zu können.

(3) Er schließt einen Berufsausbildungsvertrag ab.

(4) Er kauft einen Computer und bezahlt diesen in drei Raten.

(5) Er schließt einen Bausparvertrag ab.

Aufgabe 20

Bei welcher Rechtsform einer Unternehmung gibt es Vollhafter und Teilhafter?

(1) GbR

(2) OHG

(3) AG

(4) GmbH

(5) GmbH & Co. KG

Aufgabe 21

Ordnen Sie den Zahlungsvorgängen die zugehörigen Ziffern aus der folgenden Skizze eines erweiterten Wirtschaftskreislaufes zu.

- Ein Unternehmen überweist die fällige Körperschaftssteuer an das Finanzamt. ☐

- Ein Privatmann legt seine Ersparnisse auf einem Tagesgeldkonto bei seiner Bank an. ☐

- Ein Unternehmen nimmt seinen Kontokorrentkredit bei seiner Bank in Anspruch. ☐

- Das Vorstandsmitglied einer Aktiengesellschaft überweist seine Einkommenssteuer. ☐

- Ein deutsches Unternehmen erhält die zweite Rate aus einem Geschäft mit einem chinesischen Importeur. ☐

Abbildung zu Aufgabe 21

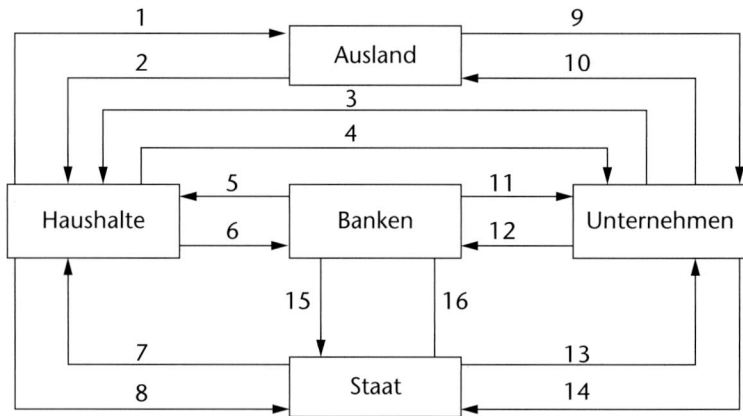

Aufgabe 22

Angenommen, die Bundesregierung plant, die Kosten der Unternehmen zu senken, um sie international wettbewerbsfähiger zu machen.
Für welche der folgenden Maßnahmen müsste sie sich entscheiden?

(1) Erhöhung der Werbungskostenpauschale

(2) Senkung der Abschreibungssätze

(3) Senkung der Einkommenssteuer

(4) Senkung des Beitragssatzes zur Arbeitslosenversicherung

(5) Erhöhung der Umsatzsteuer

Aufgabe 23

Konjunkturphasen kennzeichnen das Auf und Ab des Wirtschaftswachstums einer Volkswirtschaft.
Welche der folgenden Entwicklungen weist auf eine Rezession hin?

(1) steigende Staatseinnahmen

(2) Rückgang des privaten Konsums

(3) Rückgang der Lagerbestände der Unternehmen

(4) hohe Kapazitätsauslastung der Unternehmen

(5) steigender Import

Aufgabe 24

Sie sollen die Abteilung Einkauf bei der Auswahl von Bürostühlen unterstützen. Welches der folgenden Kriterien spielt unter ergonomischen Gesichtspunkten beim Kauf keine Rolle?

(1) gepolsterte und atmungsaktive Sitzflächen und Rückenlehnen

(2) stufenlos verstellbare Sitzhöhe von 52 cm bis 75 cm

(3) Sitzbreite mindestens 40–48 cm

(4) mindestens fünf wegrollsichere Rollen

(5) leichte Federung beim Sitzen

Aufgabe 25

In welchem der folgenden Gesetze finden sich Vorschriften über den Gesundheits- und Unfallschutz?

(1)   Handelsgesetzbuch

(2)   Bürgerliches Gesetzbuch

(3)   Gesetz gegen unlauteren Wettbewerb

(4)   Produktsicherheitsgesetz

(5)   Strafgesetzbuch

Aufgabe 26

Sie werden beauftragt, eine Unterweisung zum Thema „Unfallverhütung beim Dekorieren" durchzuführen. In welcher Abbildung ist die Leiter gemäß den Unfallverhütungsvorschriften richtig aufgestellt?

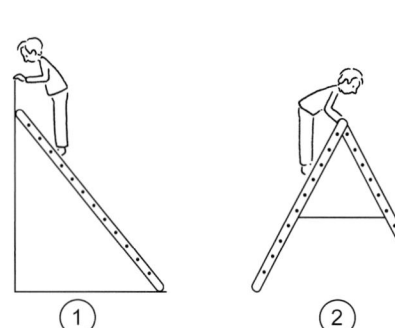

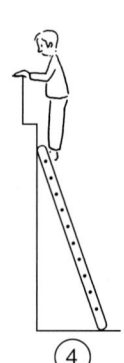
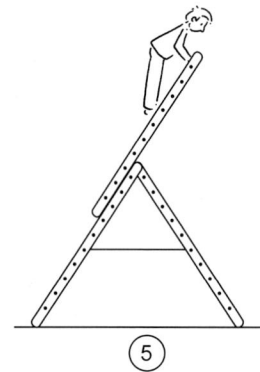

① ② ③ ④ ⑤

Aufgabe 27

Im Kreislaufwirtschaftsgesetz werden unterschiedliche Möglichkeiten der Müllreduzierung unterschieden (Müllstrategien). Welche der folgenden Handlungsmöglichkeiten ist der Müllstrategie „Recycling" zuzuordnen?

(1)   Wir liefern die Ware in Plastikverpackungen aus.

(2)   Wir liefern die Ware in Papier- und Kartonverpackungen aus.

(3)   Anfallende Verpackungen werden nach Material getrennt und dem dualen System zugeführt.

(4)   Die BÜKO GmbH stellt einen Ingenieur ein, der sich speziell mit der Entwicklung von ressourcenschonenden Produktionsverfahren beschäftigt.

(5)   Durch den Einbau spezieller Spülungen im Verwaltungsgebäude wird Trinkwasser gespart.

Aufgabe 28

Ein Kunde will in der Elektroabteilung eines Kaufhauses gebrauchte Batterien abgeben. Er kann jedoch nicht belegen, dass er diese Batterien auch in diesem Kaufhaus gekauft hat. Hat er trotzdem ein Recht darauf, die gebrauchten Batterien dort zu entsorgen?

(1) Ja, wenn er gleichzeitig neue Batterien kauft, kann er die gebrauchten Batterien abgeben.

(2) Ja, der Kunde muss grundsätzlich die Möglichkeit haben, am Ort des Verkaufs von Batterien diese in einem Sammelbehälter zu entsorgen.

(3) Ja, aber nur, wenn die Batterien mit einem grünen Punkt versehen sind und so dem dualen System zugeführt werden können.

(4) Nein, das Kaufhaus kann zwar auf freiwilliger Basis diesen Service anbieten, ist dazu allerdings nicht verpflichtet.

(5) Nein, der Kunde ist verpflichtet, die gebrauchten Batterien in der gelben Abfalltonne zu entsorgen.

Aufgabe 29

Die BüKo GmbH hat Sie beauftragt, Vorschläge zu unterbreiten, wie Umweltbelastungen zukünftig reduziert werden können. Sie schlagen u. a. vor, bei einigen Produkten zukünftig auf die Umverpackung zu verzichten.
Wie lautet die korrekte Bezeichnung für diese Maßnahme?

(1) Recycling

(2) Abfallvermeidung

(3) Abfalltrennung

(4) Abfallbeseitigung

(5) Energieeinsparung

Aufgabe 30

Ein Lagermitarbeiter der BüKo GmbH verletzt sich aufgrund eines Arbeitsunfalls so schwer, dass er seinen Beruf nicht mehr ausüben kann. Um einen neuen Beruf zu erlernen, nimmt er berufsfördernde Leistungen in Anspruch. Wer ist der Träger dieser Maßnahme?

(1) die Bundesagentur für Arbeit

(2) der Arbeitgeber

(3) der Einzelhandelsverband

(4) die Berufsgenossenschaft

(5) die Haftpflichtversicherung des Arbeitgebers

2. Prüfung

Sie sind Mitarbeiter/-in in der BüKo GmbH (siehe nachfolgende Unternehmensbeschreibung).

Beschreibung des Unternehmens

Firma	BüKo GmbH, Büroeinrichtungs- und Kommunikationssysteme
Geschäftszweck	Herstellung und Vertrieb von Büroeinrichtungs- und Kommunikationssystemen
Geschäftssitz	Ludwig-Thoma-Str. 47, 95447 Bayreuth
Registergericht	Amtsgericht Bayreuth HR B 345-0815 USt-IdNr.: DE999666333 Die BüKo GmbH ist Mitglied des Arbeitgeberverbands. Der Tarifvertrag findet Anwendung.
Geschäftsjahr	1. Januar bis 31. Dezember
Bankverbindungen	Sparkasse Bayreuth BIC BYLADEM1SBT IBAN DE29 7735 0110 0001 5427 53 Postbank Nürnberg BIC PBNKDEFFXXX IBAN DE58 7601 0085 0013 4616 46
Produktprogramm (eigene Erzeugnisse)	• Konferenztische • Konferenzstühle • Besucherstühle • Bürostühle • Regalsysteme
Dienstleistungen	• Lieferung und Montage von Büromöbeln • Entsorgung von Altmöbeln
Handelswaren	• Warengruppe 1: Bürotechnik • Warengruppe 2: Büroeinrichtung • Warengruppe 3: Verbrauch • Warengruppe 4: Organisation
Fertigungsverfahren	Einzel- und Serienfertigung
Stoffe/Vorprodukte	• Rohstoffe: Holz, Furniere, Möbelbezugsstoffe, Scharniere • Hilfsstoffe: Lacke, Klebstoffe, Schrauben, Nägel • Betriebsstoffe: Strom, Gas, Wasser, Heizöl, Schmierstoffe • Vorprodukte: Türschlösser, Türknöpfe • Energie: Strom, Gas
Mitarbeiter	• Angestellte: 42 • Arbeiter: 98 • Auszubildende: 8 Ein Betriebsrat und eine Jugend- und Auszubildendenvertretung sind eingerichtet.

Aufgaben

Situation zu den Aufgaben 1 bis 6

Sie sind Mitarbeiter/-in in der Personalabteilung der BüKo GmbH und u. a. für alle Fragen der Berufsausbildung zuständig.

Aufgabe 1

In welchem Gesetz gibt es Bestimmungen über die Höhe der Ausbildungsvergütung?

(1) Jugendarbeitsschutzgesetz

(2) Bürgerliches Gesetzbuch

(3) Berufsbildungsgesetz

(4) Betriebsverfassungsgesetz

(5) Tarifvertragsgesetz

Aufgabe 2

Welche Aussage zur Probezeit bei Ausbildungsverträgen ist zutreffend?

(1) Die Probezeit muss mindestens zwei Monate und darf maximal sechs Monate dauern. Eine Verlängerung der Probezeit ist laut Arbeitsrecht nur dann möglich, wenn die Ausbildung länger als zwei Drittel der Probezeit ausfällt, z. B., weil die bzw. der Auszubildende krank ist. Dies muss aber vorher vereinbart werden.

(2) Die Probezeit muss mindestens zwei Monate und darf maximal vier Monate dauern. Eine Verlängerung der Probezeit ist laut Arbeitsrecht nur dann möglich, wenn die Ausbildung länger als ein Drittel der Probezeit ausfällt, z. B., weil die bzw. der Auszubildende krank ist. Dies muss aber vorher vereinbart werden.

(3) Die Probezeit muss mindestens einen Monat und darf maximal vier Monate dauern. Eine Verlängerung der Probezeit ist laut Arbeitsrecht nur dann möglich, wenn die Ausbildung länger als zwei Drittel der Probezeit ausfällt, z. B., weil die bzw. der Auszubildende krank ist. Dies muss aber vorher vereinbart werden.

(4) Die Probezeit muss mindestens einen Monat und darf maximal sechs Monate dauern. Eine Verlängerung der Probezeit ist laut Arbeitsrecht nur dann möglich, wenn die Ausbildung länger als ein Drittel der Probezeit ausfällt, z. B., weil die bzw. der Auszubildende krank ist. Dies muss aber vorher vereinbart werden.

(5) Die Probezeit muss mindestens einen Monat und darf maximal vier Monate dauern. Eine Verlängerung der Probezeit ist laut Arbeitsrecht nur dann möglich, wenn die Ausbildung länger als ein Drittel der Probezeit ausfällt, z. B., weil die bzw. der Auszubildende krank ist. Dies muss aber vorher vereinbart werden.

Aufgabe 3

Ihr Vorgesetzter beauftragt Sie, den Ausbildungsvertrag der Auszubildenden Janine Müller zu überprüfen. Frau Müller hat zum 1. September ihre Ausbildung zur Kauffrau für Büromanagement begonnen. Sie ist 17 Jahre alt. Eine Verkürzung der Ausbildungsdauer ist nicht vorgesehen.
Wo müssen Sie korrigierend eingreifen?

(1) Es fehlt der Hinweis, dass das Jugendarbeitsschutzgesetz gilt.

(2) Die Ausbildungsvergütung ist bereits für alle drei Ausbildungsjahre eingetragen.

(3) Die Unterschrift der Erziehungsberechtigten fehlt.

(4) Als Ausbildungsdauer sind 36 Monate angegeben.

(5) Die Voraussetzungen für eine Kündigung sind nicht aufgeführt.

Aufgabe 4

Ihr Vorgesetzter bittet Sie, sich mit den rechtlichen Bestimmungen des Berufsbildungsgesetzes, die für das Ausbildungsverhältnis maßgeblich sind, vertraut zu machen.
Was ist gemäß den Vorschriften des Berufsbildungsgesetzes Teil des Berufsausbildungsvertrags von Frau Müller?

(1) Die Dauer der täglichen Ruhepausen.

(2) Die didaktische Jahresplanung der Berufsschule.

(3) Der Lehrplan der Berufsschule.

(4) Der gemeinsame Ausbildungsplan der Berufsschule und des Ausbildungsbetriebes.

(5) Der Ausbildungsplan des Ausbildungsbetriebes.

Aufgabe 5

Welche der folgenden Bestimmungen ist eine gültige Bestimmung des Berufsbildungsgesetzes?

(1) Die BüKo GmbH muss Frau Müller nach Bestehen ihrer Abschlussprüfung einen Tag Sonderurlaub gewähren.

(2) Vereinbarungen über die Tätigkeit nach Abschluss der Ausbildung können bereits im Berufsausbildungsvertrag festgelegt werden.

(3) Eine Kündigung durch Frau Müller nach der Probezeit ist möglich, wenn sie eine Ausbildung in einem anderen Ausbildungsberuf beginnen will.

(4) Die Kündigungsfrist bei Kündigungen während der Probezeit beträgt vier Wochen.

(5) Das Ausbildungsverhältnis endet erst mit Ablauf der Ausbildungszeit – unabhängig davon, ob die IHK-Abschlussprüfung bereits bestanden wurde.

Aufgabe 6

Womit dürfen Jugendliche gemäß Jugendarbeitsschutzgesetz grundsätzlich nicht beschäftigt werden?

(1) Sortierarbeiten

(2) Reinigungsarbeiten

(3) Aufräumarbeiten

(4)   Lagerarbeiten

(5)   Akkordarbeiten

Aufgabe 7

In der BüKo GmbH ist die Anschaffung einer neuen Produktionsmaschine erforderlich. Bei einer Diskussion um die Finanzierung der Maschine wird die Selbstfinanzierung vorgeschlagen. Welche der folgenden Maßnahmen entspricht diesem Vorschlag?

(1)   Finanzierung über ein Bankdarlehen

(2)   Finanzierung über einen Kredit von einem privaten Kreditvermittler

(3)   Leasing

(4)   Erhöhung der Kommanditeinlagen

(5)   Verzicht auf Ausschüttung eines Teils des Gewinns

Aufgabe 8

Zur Finanzierung des Kaufs eines neuen Lkws erhält die BüKo GmbH einen Kredit von ihrer Hausbank. Dabei behält diese den Kfz-Brief als Kreditsicherheit ein.
Um welche Art von Kreditsicherung handelt es sich hier?

(1)   Hypothek

(2)   Sicherungsübereignung

(3)   Grundschuld

(4)   Eigentumsvorbehalt

(5)   Factoring

Aufgabe 9

Die BüKo GmbH hat Sie beauftragt, Vorschläge zu unterbreiten, wie Umweltbelastungen zukünftig reduziert werden können. Sie schlagen u. a. vor, die Auslieferung bestimmter Produkte zukünftig häufiger mit der Bahn durchzuführen.
Inwiefern können Sie mit diesem Vorschlag dem Umweltgedanken Rechnung tragen?

(1)   Der Transport mit der Bahn verursacht einen geringeren Schadstoffausstoß als der Transport mit dem Lkw.

(2)   Der Transport mit der Bahn verursacht im Gegensatz zum Lkw-Transport keinen CO_2-Ausstoß.

(3)   Selbst der Transport mit dem Schiff ist nicht so umweltfreundlich wie die Bahn.

(4)   Die Bahn fährt mit umweltfreundlicher Energie.

(5)   Der Transport mit der Bahn erhöht die Flexibilität bei der Anlieferung.

Aufgabe 10

Welchen der unten stehenden Wirtschaftssektoren sind die daneben stehen Geschäftspartner der BüKo GmbH zuzuordnen? Ordnen Sie die Ziffern richtig zu.

Sektoren	Geschäftspartner	
(1) Primärer Sektor	**a)** Möbelhaus XYL GmbH	☐
(2) Sekundärer Sektor	**b)** Spedition Redlich GmbH	☐
(3) Tertiärer Sektor	**c)** Maschinenbau Meier KG	☐

Aufgabe 11

Auch in der BüKo GmbH wird dem wirtschaftlichen Handeln das ökonomische Prinzip zugrunde gelegt. In welchen **zwei** der folgenden Fälle wird nach dem Maximalprinzip gehandelt?

(1)   Für das kommende Geschäftsjahr wird für Konferenzstühle der gleiche Umsatz wie im Vorjahr geplant, die Herstellkosten sollen allerdings um 15 % gesenkt werden.

(2)   Für den Einkauf von Büromaterialien steht der BüKo GmbH ein bestimmtes Budget zur Verfügung. Sie versucht, dafür möglichst viel Büromaterial in bestmöglicher Qualität einzukaufen.

(3)   Um den Marktanteil bei Konferenztischen im kommenden Geschäftsjahr zu vergrößern, werden zusätzliche Mitarbeiter eingestellt.

(4)   Mit einem festgelegten Werbebudget soll der Umsatz für Konferenztische maximal gesteigert werden.

(5)   Jeder Außendienstmitarbeiter der BüKo GmbH soll mit einem Notebook ausgestattet werden. Durch geschickte Verhandlungen können die Notebooks zu einem Stückpreis beschafft werden, der 20 % niedrig ist, als ursprünglich eingeplant.

Aufgabe 12

Welche der folgenden Aussagen zur Rechtsform der BüKo GmbH ist zutreffend?

(1)   Die Gesellschafter der BüKo GmbH haften unmittelbar und solidarisch.

(2)   Die Gesellschafter der BüKo GmbH haften unbeschränkt und unmittelbar.

(3)   Nicht die Gesellschafter, sondern nur der Geschäftsführer haftet unmittelbar.

(4) Die BüKo GmbH haftet nur mit dem Gesellschaftsvermögen.

(5) Die Gesellschafter der BüKo GmbH haften mit ihrer Geschäftseinlage und ihrem Privatvermögen.

Situation zu den Aufgaben 13 bis 15

Yvonne Schneider ist 41 Jahre alt und seit dem 01.01.2016 bei der BüKo GmbH als Sachbearbeiterin in der Abteilung Einkauf beschäftigt. Am 01.03.2016 wird in der BüKo GmbH ein neuer Betriebsrat gewählt. Frau Schneider hat sich den nachstehenden Gesetzesauszug beschafft, um sich über die anstehende Betriebsratswahl zu informieren.

Erster Abschnitt. Zusammensetzung und Wahl des Betriebsrats

§ 7 Wahlberechtigung
Wahlberechtigt sind alle Arbeitnehmer des Betriebs, die das 18. Lebensjahr vollendet haben.

§ 8 Wählbarkeit
(1) Wählbar sind alle Wahlberechtigten, die sechs Monate dem Betrieb angehören oder als Heimarbeit Beschäftigte in der Hauptsache für den Betrieb gearbeitet haben.

Aufgabe 13

Aus welchem Gesetz stammt dieser Auszug?

(1) HGB (Handelsgesetzbuch)

(2) BGB (Bürgerliches Gesetzbuch)

(3) BetrVG (Betriebsverfassungsgesetz)

(4) BBiG (Berufsbildungsgesetz)

(5) TVG (Tarifvertragsgesetz)

Aufgabe 14

Ist Frau Schneider bei der Betriebsratswahl wahlberechtigt?

(1) Ja, aber nur unter der Voraussetzung, dass sie auch Mitglied der Gewerkschaft ist.

(2) Ja, aber nur unter der Voraussetzung, dass die Geschäftsleitung zustimmt.

(3) Ja, da sie volljährig ist.

(4) Nein, weil sie die Altershöchstgrenze bereits überschritten hat.

(5) Nein, weil sie noch nicht lange genug bei der BüKo GmbH beschäftigt ist.

Aufgabe 15

Ist Frau Schneider bei der Betriebsratswahl wählbar?

(1) Ja, aber nur unter der Voraussetzung, dass sie auch Mitglied der Gewerkschaft ist.

(2) Ja, aber nur unter der Voraussetzung, dass die Geschäftsleitung zustimmt.

(3) Ja, da sie volljährig ist.

(4) Nein, weil sie die Altershöchstgrenze bereits überschritten hat.

(5) Nein, weil sie noch nicht lange genug bei der BüKo GmbH beschäftigt ist.

Aufgabe 16

Welches Merkmal ist typisch für die Aufschwungphase im Konjunkturzyklus?

(1) Abnahme der Kapazitätsauslastung der Betriebe

(2) Senkung der durchschnittlichen Löhne

(3) Zunahme der Arbeitslosigkeit

(4) Zunahme der Investitionen

(5) Rückgang der Investitionen

Aufgabe 17

In einer politischen Talkshow empfiehlt ein Politiker, die Nachfrage im Inland anzuregen, indem die Einkommensteuer gesenkt und dadurch die verfügbaren Einkommen erhöht werden.
Für welches der folgenden volkswirtschaftlichen Ziele sind dadurch negative Auswirkungen zu erwarten?

(1) angemessenes, stetiges Wirtschaftswachstum

(2) Vollbeschäftigung

(3) Preisniveaustabilität

(4) außenwirtschaftliches Gleichgewicht

(5) gerechte Einkommensverteilung

Aufgabe 18

Die BüKo GmbH möchte für die mittelfristige Unternehmensplanung auch die allgemeine volkswirtschaftliche Entwicklung berücksichtigen.
Welche der folgenden Größen beschreibt am genauesten die Entwicklung der Wirtschaftsleistung einer Volkswirtschaft?

(1) Entwicklung der Inflationsrate

(2) Entwicklung der Steuereinnahmen

(3) Entwicklung der Importe

(4) Entwicklung des nominalen Wirtschaftswachstums

(5) Entwicklung des realen Wirtschaftswachstums

Aufgabe 19

Ordnen Sie den unten stehenden Zahlungsvorgängen die zugehörigen Ziffern aus der folgenden Skizze eines erweiterten Wirtschaftskreislaufes zu.

a) Ein deutscher Tourist zahlt seine Hotelrechnung in Österreich.

b) Die Stadtverwaltung gleicht die Rechnung eines Dachdeckers für Bauarbeiten an einem Hallenschwimmbad aus.

c) Eine Hausfrau bezahlt an der Kasse eines Supermarktes die eingekauften Artikel.

d) Ein Unternehmen überweist an einen Mitarbeiter sein Einkommen.

e) Der Landwirt erhält eine Prämie für die Stilllegung von landwirtschaftlichen Nutzflächen.

Abbildung zu Aufgabe 19

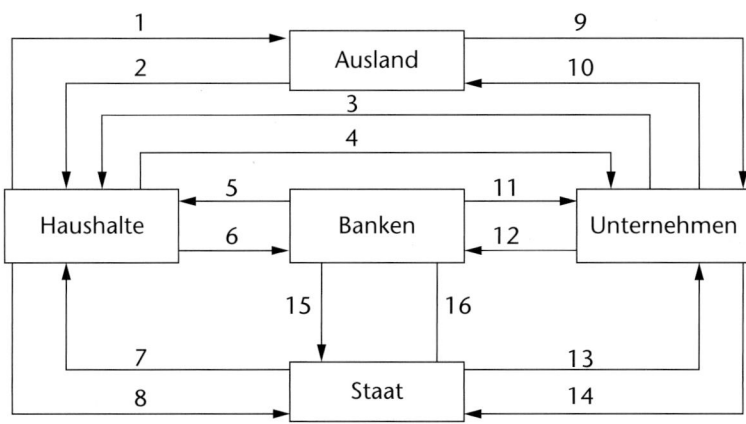

Aufgabe 20

Welche der folgenden Aussagen zum Thema Steuern ist zutreffend?

(1) Die Umsatzsteuerzahllast ist i. d. R. jährlich an das Finanzamt zu überweisen.

(2) Abschreibungen haben keinen Einfluss auf die Steuerlast eines Unternehmens.

(3) Eine Senkung der Umsatzsteuer führt zu einer Entlastung der Unternehmen.

(4) Ein Entscheidungskriterium bei der Wahl eines Unternehmensstandortes ist die Höhe der Gewerbesteuer.

(5) Aktiengesellschaften zahlen grundsätzlich keine Steuern.

Aufgabe 21

Welche der folgenden Maßnahmen ist geeignet, die Konjunktur zu beleben?

(1) Kürzung der Sonderabschreibungen

(2) Ausweitung der Abschreibungsmöglichkeiten

(3) Erhöhung des Leitzinses durch die EZB

(4) Konsolidierung der Staatshaushalte

(5) Erhöhung der Umsatzsteuer

Aufgabe 22

In einer Wirtschaftszeitschrift lesen Sie die Schlagzeile „Preise wieder stärker als Nettolöhne gestiegen!".
Welche der folgenden Aussagen zu dieser Situation ist zutreffend?

(1) Der Nominallohn ist stärker gestiegen als der Reallohn.

(2) Die Preise sind nicht so stark gestiegen wie der Nominallohn.

(3) Der Nominallohn ist gesunken.

(4) Der Reallohn ist gesunken.

(5) Der Reallohn ist gestiegen.

© Bildungsverlag EINS GmbH

Aufgabe 23

Ein wichtiges wirtschaftspolitisches Ziel ist die Bekämpfung der Arbeitslosigkeit. Welche der folgenden Aussagen ist zutreffend?

(1) Eine steigende Arbeitslosigkeit führt zu einer Erhöhung der Steuereinnahmen des Staates.

(2) Eine sinkende Arbeitslosigkeit führt zu niedrigeren Konsumausgaben und dämpft damit das Wirtschaftswachstum.

(3) Eine steigende Arbeitslosigkeit führt zu sinkenden Einnahmen bei den Sozialversicherungsträgern.

(4) Eine steigende Arbeitslosigkeit entlastet den Arbeitsmarkt.

(5) Eine sinkende Arbeitslosigkeit belastet den Staatshaushalt.

Aufgabe 24

Im „magischen Viereck" werden die konjunkturpolitischen Zielsetzungen einer Volkswirtschaft beschrieben. Welche der folgenden Zielsetzungen ist noch nicht enthalten?

(1) angemessenes, stetiges Wirtschaftswachstum

(2) Vollbeschäftigung

(3) lebenswerte Umwelt

(4) außenwirtschaftliches Gleichgewicht

(5) Preisniveaustabilität

Aufgabe 25

Welche Bedeutung hat das folgende Symbol?

(1) Fluchtweg

(2) Gruppenraum

(3) Sammelstelle

(4) Erste Hilfe

(5) Notausgang

Aufgabe 26

Im Winter ist es im Flur vor Ihrem Büro oft nass aufgrund der vielen Leute, die hier vorbeilaufen. Sie wären gestern beinahe ausgerutscht.
In welchem der folgenden Gesetzestexte gibt es Regelungen, die hier zum Handeln zwingen?

(1) Arbeitssicherheitsgesetz (ASiG)

(2) Gefahrstoffverordnung (GefStoffV)

(3) Arbeitsstättenverordnung (ArbStättV)

(4) Produktsicherheitsgesetz (ProdSG)

(5) Unfallverhütungsvorschriften (UVV)

Aufgabe 27

Sie bemerken im Ausbildungsbetrieb den Ausbruch eines Brandes (Feuer und Rauch). Wie gehen Sie sinnvollerweise vor? Bringen Sie die folgenden Schritte in die richtige Reihenfolge, indem Sie die Ziffern 1 bis 5 in die Kästchen neben den Vorgehensweisen eintragen.

a) Sie betätigen schnellstmöglichst den Feuermelder.

b) Sie schließen Fenster und Türen und setzen, soweit möglich, vorhandene Feuerlöschgeräte ein.

c) Sie bewahren zunächst Ruhe und verschaffen sich einen Überblick über die Situation.

d) Sie setzen einen Notruf mit entsprechenden Informationen an die Zentrale ab.

e) Sie weisen die Feuerwehr ein, sobald diese eintrifft.

Aufgabe 28

In einer betriebsinternen Unterweisung der BüKo GmbH werden die neuen Mitarbeiter über die betrieblichen Unfallverhütungsvorschriften informiert. Durch welche der unten stehenden Hinweise für Mitarbeiter sollen Unfälle vermieden werden?

(1) „Hinterlassen Sie die Personaltoilette so, wie Sie sie vorgefunden haben."

(2) „Sorgen Sie für die Beseitigung verschütteter Flüssigkeiten oder heruntergefallener Lebensmittelreste."

(3) „Füllen Sie leicht entzündliche Flüssigkeiten niemals in Trinkgefäße."

(4) „Entleeren Sie Aschenbecher nicht in Papierkörbe."

(5) „Essen und trinken Sie nur in den dafür vorgesehenen Personalräumen."

Aufgabe 29

In den Gebäuden der BüKo GmbH befinden sich auch Notausgänge. Welche der unten stehenden Aussagen über Notausgänge ist nach den Unfallverhütungsvorschriften zutreffend?

(1) In die Rettungswege zu den Notausgängen dürfen nur rollbare Container gestellt werden.

(2) Notausgänge dürfen von innen abgeschlossen werden, wenn die Türschlüssel griffbereit aufbewahrt werden.

(3) Eine Kennzeichnung der Ausgänge als „Notausgänge" ist nicht nötig, wenn alle Mitarbeiter sachgemäß unterrichtet worden sind.

(4) Notausgänge müssen nur in Räumen vorhanden sein, in denen leicht brennbare Gegenstände gelagert werden.

(5) Notausgänge müssen – auch wenn sie von außen abgeschlossen wurden – von innen grundsätzlich mit einer speziellen Klinke leicht zu öffnen sein.

Aufgabe 30

Piktogramme auf den Verpackungen der Produkte geben dem Verbraucher wertvolle Hinweise. Welches der abgebildeten Piktogramme bedeutet, dass das Produkt recycelt werden kann?

1	2	3	4	5

3. Prüfung

Sie sind Mitarbeiter/-in in der BüKo GmbH (siehe nachfolgende Unternehmensbeschreibung).

Beschreibung des Unternehmens

Firma	BüKo GmbH, Büroeinrichtungs- und Kommunikationssysteme
Geschäftszweck	Herstellung und Vertrieb von Büroeinrichtungs- und Kommunikationssystemen
Geschäftssitz	Ludwig-Thoma-Str. 47, 95447 Bayreuth
Registergericht	Amtsgericht Bayreuth HR B 345-0815 USt-IdNr.: DE999666333 Die BüKo GmbH ist Mitglied des Arbeitgeberverbands. Der Tarifvertrag findet Anwendung.
Geschäftsjahr	1. Januar bis 31. Dezember
Bankverbindungen	Sparkasse Bayreuth BIC BYLADEM1SBT IBAN DE29 7735 0110 0001 5427 53 Postbank Nürnberg BIC PBNKDEFFXXX IBAN DE58 7601 0085 0013 4616 46
Produktprogramm (eigene Erzeugnisse)	• Konferenztische • Konferenzstühle • Besucherstühle • Bürostühle • Regalsysteme
Dienstleistungen	• Lieferung und Montage von Büromöbeln • Entsorgung von Altmöbeln
Handelswaren	• Warengruppe 1: Bürotechnik • Warengruppe 2: Büroeinrichtung • Warengruppe 3: Verbrauch • Warengruppe 4: Organisation
Fertigungsverfahren	Einzel- und Serienfertigung
Stoffe/Vorprodukte	• Rohstoffe: Holz, Furniere, Möbelbezugsstoffe, Scharniere • Hilfsstoffe: Lacke, Klebstoffe, Schrauben, Nägel • Betriebsstoffe: Strom, Gas, Wasser, Heizöl, Schmierstoffe • Vorprodukte: Türschlösser, Türknöpfe • Energie: Strom, Gas
Mitarbeiter	• Angestellte: 42 • Arbeiter: 98 • Auszubildende: 8 Ein Betriebsrat und eine Jugend- und Auszubildendenvertretung sind eingerichtet.

Aufgaben

Situation zu den Aufgaben 1 bis 3

> Die BüKo GmbH plant, eine Lagerhalle zu bauen, um zukünftig nicht mehr auf Fremdlagerung angewiesen zu sein. Mit dem Bauunternehmer wurde ein Festpreis von 150 000,00 € vereinbart.

Aufgabe 1

Zur Finanzierung der Lagerhalle bringt die BüKo GmbH Eigenkapital in Höhe von 60 000,00 € ein. Der Restbetrag in Höhe von 90 000,00 € wird mit der Aufnahme eines Darlehens bei der Stadtsparkasse Bayreuth zu folgenden Bedingungen finanziert:

- Zinsen: 3,8 % p.a. (30 : 360), zahlbar halbjährlich

- Tilgung: 2,0 % p.a., zahlbar halbjährlich

Wie hoch ist die erste halbjährliche Rate (Zins + Tilgung) der BüKo GmbH?

Aufgabe 2

Das Darlehen für den Bau der Lagerhalle wird mit einer Grundschuld gesichert. Welche Aussage zur Grundschuld ist zutreffend?

(1) Die Grundschuld ist beim Amtsgericht Bayreuth zu melden.

(2) Eine Grundschuld kann nur für eine juristische Person eingetragen werden.

(3) Die Grundschuld belastet das Vermögen der BüKo GmbH.

(4) Die Grundschuld muss ins Grundbuch eingetragen werden.

(5) Die Grundschuld muss in das Handelsregister eingetragen werden.

Aufgabe 3

Bei jeder Investition eines Unternehmens stellt sich die Frage, ob sich diese Maßnahme „rentiert" hat. Welche der folgenden Aussagen zum Begriff „Rentabilität" ist zutreffend?

(1) Unter Rentabilität versteht man den Ressourceneinsatz, der zum größtmöglichen Umsatz führt.

(2) Untere Rentabilität versteht man den Gewinn, der nach Abzug aller Kosten und Steuern im Unternehmen verbleibt.

(3) Unter Rentabilität versteht man den Gewinn, der vor Abzug der Steuern im Unternehmen verbleibt.

(4) Unter Rentabilität versteht man den Gewinn, der mit den minimalsten Kosten erwirtschaftet wurde.

(5) Unter Rentabilität versteht man das Verhältnis zwischen dem eingesetzten Kapital und dem dadurch erzielten Gewinn.

Situation zur Aufgabe 4

> Die Geschäftsführung der BüKo GmbH setzt sich zum Ziel, die Arbeitsabläufe zukünftig noch effizienter zu gestalten. Dazu soll zunächst eine Ist-Aufnahme der organisatorischen Abläufe erfolgen.

Aufgabe 4

Für die Ist-Aufnahme werden in die BüKo GmbH die folgenden Techniken eingesetzt:

(1) Dauerbeobachtung

(2) Multi-Moment-Aufnahme

(3) Fragebogenmethode

(4) Selbstaufschreibung

(5) Interviewmethode

Ordnen Sie die Techniken den folgenden Aufgabenstellungen zu.

a) Wiederholt ist es vorgekommen, dass von der Buchhaltung Rechnungen nicht rechtzeitig gezahlt wurden. Dadurch konnte Skonto nicht wahrgenommen werden. Der Fehler scheint auf Unklarheiten im Zusammenspiel zwischen Kreditorenbuchhaltung und Finanzbuchhaltung zurückzuführen zu sein. Die Revision bittet die Beteiligten zum klärenden Gespräch.

b) Für die Fertigung sollen Erholzeit- und Verteilzeitzuschläge neu berechnet werden. Dazu müssen die Anteile dieser Zeitarten an der gesamten Arbeitszeit neu erhoben werden. Zu diesem Zweck werden entsprechende Beobachtungen angestellt.

c) Frau Schneider, eine Mitarbeiterin der Abteilung Controlling, wird beauftragt, eine Analyse der Gemeinkosten vorzunehmen. Hierzu benötigt sie genaue Angaben darüber, wie sich die Arbeitszeit der einzelnen Mitarbeiter auf bestimmte Tätigkeiten verteilt. Sie bittet diese, ihr die entsprechenden Notizen auszuhändigen.

d) In einigen wenigen Bereichen der Fertigung der BüKo GmbH kommen auch Akkordlöhne zum Einsatz. Ein REFA-Fachmann hat den Auftrag, Arbeitszeitstudien vorzunehmen, um die Akkordsätze neu berechnen zu können.

e) Ein Unternehmensberater wird beauftragt, die Arbeitszufriedenheit der Mitarbeiter der BüKo GmbH zu erheben. In einer anonymen Befragung sollen alle Mitarbeiter des Unternehmens befragt werden.

Situation zu den Aufgaben 5 bis 8

> Sie sind in der Personalabteilung der BüKo GmbH eingesetzt und werden von Ihrer Vorgesetzten damit beauftragt, die neuen Auszubildenden in die grundsätzlichen Regelungen des Jugendarbeitsschutzgesetzes einzuführen.

Aufgabe 5

Das Jugendarbeitsschutzgesetz gilt ...

(1) ... generell für alle Jugendlichen, die sich in Gebäuden von Unternehmen aufhalten.

(2) ... nur für die Beschäftigung von Auszubildenden, die noch keine 18 Jahre alt sind.

(3) ... grundsätzlich für die Beschäftigung Auszubildenden, unabhängig vom Alter.

(4) ... nur für die Beschäftigung von Auszubildenden, die noch keine 21 Jahre alt sind.

(5) ... für die Beschäftigung aller Personen, die noch keine 18 Jahre alt sind.

Aufgabe 6

Als Jugendlicher im Sinne des Jugendarbeitsschutzgesetzes gilt, ...

(1) ... wer zwölf, aber noch nicht 18 Jahre alt ist.

(2) ... wer 13, aber noch nicht 18 Jahre alt ist.

(3) ... wer 15, aber noch nicht 18 Jahre alt ist.

(4) ... wer 16, aber noch nicht 18 Jahre alt ist.

(5) ... wer 15, aber noch nicht 21 Jahre alt ist.

Aufgabe 7

Die Beschäftigung von Kindern ist in Deutschland ...

(1) ... grundsätzlich verboten.

(2) ... nur dann erlaubt, wenn beide Erziehungsberechtigten schriftlich die Erlaubnis erteilen.

(3) ... nur dann erlaubt, wenn es sich um leichte, nicht belastende Arbeit handelt.

(4) ... grundsätzlich nur dann erlaubt, wenn beide Erziehungsberechtigten schriftlich die Erlaubnis erteilen und die Beschäftigung acht Stunden in der Woche nicht überschreitet.

(5) ... grundsätzlich nur erlaubt, wenn beide Erziehungsberechtigten schriftlich die Erlaubnis erteilen und die Beschäftigung 15 Stunden in der Woche nicht überschreitet.

Aufgabe 8

Nach Beendigung der täglichen Arbeitszeit dürfen Jugendliche nicht vor Ablauf einer ununterbrochenen Freizeit beschäftigt werden. Wie viele Stunden umfasst diese ununterbrochene Freizeit laut Gesetz?

(1) mindestens acht Stunden

(2) mindestens zehn Stunden

(3) mindestens zwölf Stunden

(4) mindestens 14 Stunden

(5) mindestens 15 Stunden

Aufgabe 9

Wie lange müssen die im Voraus festgelegten Ruhepausen für Jugendliche laut Jugendarbeitsschutzgesetz mindestens sein?

(1) 45 Minuten bei einer Arbeitszeit von mehr als sechs Stunden

(2) 60 Minuten bei einer Arbeitszeit von mehr als sechs Stunden

(3) 90 Minuten bei einer Arbeitszeit von mehr als sieben Stunden

(4) 120 Minuten bei einer Arbeitszeit von mehr als acht Stunden

(5) 180 Minuten bei einer Arbeitszeit von mehr als acht Stunden

---

Aufgabe 10

Der Auszubildende Dominik (17 Jahre) arbeitet täglich von 08:00 – 12:00 Uhr und von 13:00 – 17:00 Uhr. Während der Arbeitszeit legt Steffen jedoch durchschnittlich sechs Raucherpausen zu je fünf Minuten ein, weshalb sein Ausbildungsbetrieb von ihm verlangt, die Mittagspause auf 30 Minuten zu beschränken, da er ja durch seine Raucherpausen insgesamt bereits schon 30 Minuten zusätzliche Pausen eingelegt habe.
Ist dies mit dem Jugendarbeitsschutzgesetz vereinbar? Welche der folgenden Aussagen ist zutreffend?

(1) Der Ausbildungsbetrieb hat das Recht, die Raucherpause auf die Pausenzeiten anzurechnen. Dominik kommt also insgesamt auf die vorgeschriebenen 60 Minuten Pause, da er insgesamt 30 Minuten Raucherpausen eingelegt hat.

(2) Raucherpausen sind gesetzlich nicht geregelt. Eine Anrechnung auf die Pausenzeiten ist allerdings grundsätzlich möglich.

(3) Dominik hat einen Rechtsanspruch auf seine Raucherpausen. Sie dürfen ihm nicht auf die Pausenzeiten angerechnet werden.

(4) Dominik hat zwar keinen Rechtsanspruch auf seine Raucherpausen, sie dürfen ihm allerdings auf seine Pausenzeiten angerechnet werden.

(5) Eine Anrechnung der fünfminütigen Raucherpausen auf die Pausenzeiten ist nicht möglich, da laut Jugendarbeitsschutzgesetz eine Ruhepause mindestens 15 Minuten Arbeitsunterbrechung betragen muss. Der Ausbildungsbetrieb könnte ihm aber die Raucherpausen verbieten, da sie rein arbeitsrechtlich keine zulässige Unterbrechung der Arbeitszeit darstellen.

Aufgabe 11

Welches der folgenden Güter auf dem Betriebsgelände der BüKo GmbH ist sowohl ein Produktionsgut als auch ein Gebrauchsgut?

(1) Kopierpapier

(2) Firmen-Pkw

(3) Privat-Pkw eines Mitarbeiters

(4) Reinigungsmittel für das Büro

(5) Büroklammern

Aufgabe 12

Welcher der folgenden Begriffe beschreibt den Austausch des Produktionsfaktors „Arbeit" durch den Produktionsfaktor „Kapital"?

(1) Kostenminimierung

(2) Gewinnmaximierung

(3) optimale Kapazitätsauslastung

(4) Faktorsubstitution

(5) Faktorkombination

Aufgabe 13

Durch welche der folgenden Maßnahmen kann die BüKo GmbH eine Steigerung ihrer Arbeitsproduktivität erreichen?

(1) Einführung einer zusätzlichen Nachtschicht

(2) Mehrarbeit in Form von Überstunden

(3) Erhöhung der Löhne bei proportionaler Erhöhung der Arbeitszeit

(4) Reduktion des Produktionsvolumens durch Verkürzung der Arbeitszeit

(5) Erhöhung der Produktionsmenge je geleistete Arbeitsstunden

Aufgabe 14

Die BüKo GmbH plant, einen neuen Konferenztisch am Markt anzubieten. Mithilfe der Marktforschung wurde das Nachfrageverhalten potenzieller Kunden untersucht. Die Marktanalyse zeigt folgendes Ergebnis.

Interessent	Nachfragemenge (in Stück)	Maximaler Preis (€/Stück)
A	560	1 200,00
B	480	1 100,00
C	400	1 000,00
D	320	900,00

Die BüKo GmbH entschließt sich, den Konferenztisch zu einem Preis von 1 100,00 €/Stück anzubieten.
Ermitteln Sie,

(a) wie viel Stück die BüKo GmbH zu einem Preis von 1 100,00 €/Stück insgesamt verkaufen könnte.

(b) welchen Umsatz die BüKo GmbH zu einem Preis von 1 100,00 €/Stück insgesamt erzielen würde.

Aufgabe 15

Wie wird der Preis eines Produkts von Angebot und Nachfrage beeinflusst?

(1) Eine sinkende Nachfrage führt bei sinkendem Angebot zu einem sinkenden Preis.

(2) Ein sinkendes Angebot führt bei gleichbleibender Nachfrage zu einem gleichbleibenden Preis.

(3) Eine sinkende Nachfrage führt bei gleichbleibendem Angebot zu einem sinkenden Preis.

(4) Eine steigende Nachfrage führt bei steigendem Angebot zu einem steigenden Preis.

(5) Eine steigende Nachfrage führt bei sinkendem Angebot zu einem gleichbleibenden Preis.

Aufgabe 16

Im Wirtschaftskreislauf wird zwischen Geldströmen und Güterströmen unterschieden. Welches der folgenden Beispiele stellt einen Geldstrom dar?

(1) Die BüKo GmbH nimmt eine Warenlieferung von Bürostühlen nicht an, da es sich um eine Falschlieferung handelt.

(2) Die BüKo GmbH reklamiert Mängel von gelieferten Bürostühlen.

(3) Die BüKo GmbH nimmt eine Warenlieferung mit Bürostühlen an.

(4) Die BüKo GmbH überweist eine offene Rechnung für gelieferte Bürostühle unter Abzug von Skonto.

(5) Ein Außendienstmitarbeiter der BüKo GmbH rät einem Kunden zum Kauf eines bestimmten Bürostuhls.

Aufgabe 17

Die BüKo GmbH will sich über einen potenziellen Lieferanten informieren, indem sie das Handelsregister einsieht. Welcher der folgenden Lieferanten ist in der Abteilung B des Handelsregisters eingetragen?

(1) Max Abraham e. K.

(2) Bertram Bürotechnik KG

(3) Delius & Partner OHG

(4) Ehlers Möbelunion GmbH

(5) Rechtsanwälte Dr. Erk & Partner

Aufgabe 18

Was versteht das HGB unter dem Begriff „Firma"?

(1) einen kaufmännischen Betrieb

(2) den Geschäftsnamen eines Kaufmanns, unter dem er im Handel seine Geschäfte betreibt

(3) den bürgerlichen Namen eines Kleingewerbetreibenden, unter dem er sein Handelsgewerbe betreibt

(4) den Namen des stillen Gesellschafters

(5) eine Unternehmung, die nach Art und Umfang keinen in kaufmännischer Weise eingerichteten Geschäftsbetrieb erfordert

Aufgabe 19

Bei der Firmierung gibt es eine Reihe von Grundsätzen zu beachten. Welche Aussage über den Grundsatz der Firmenausschließlichkeit ist richtig?

(1) Die Firma darf ausschließlich nur an einem Ort tätig werden.

(2) Die Firma darf nicht veräußert werden.

(3) Die Firma muss sich eindeutig von anderen am gleichen Ort unterscheiden.

(4) Die Firma muss wahr und klar sein.

(5) Die Firma darf nicht geändert werden.

Aufgabe 20

Die BüKo GmbH erwägt die Aufnahme einer Geschäftsbeziehung mit der Sterntal GmbH & Co. KG. Welche Aussage über die rechtliche Konstruktion der GmbH & Co. KG ist richtig?

(1) Einziger Kommanditist der GmbH & Co. KG ist eine GmbH.

(2) Einer der Kommanditisten der GmbH & Co. KG ist eine GmbH.

(3) Einer der Komplementäre der GmbH & Co. KG ist eine GmbH.

(4) Einziger Komplementär der GmbH & Co. KG ist eine GmbH.

(5) Die GmbH & Co. KG besitzt keine eigene Rechtspersönlichkeit.

Aufgabe 21

Die BüKo GmbH schließt im Rahmen ihrer Geschäftsbeziehungen vielfältige Arten von Verträgen ab.
Welche der folgenden Verträge wurden in den danebenstehenden Fällen abgeschlossen?

Fälle:

(1) Arbeitsvertrag

(2) Dienstvertrag

a) Die BüKo GmbH hat das Autohaus Körber GmbH mit der Reparatur der defekten Lichtmaschine eines Firmen-Pkws beauftragt. ☐

(3) Werkvertrag

(4) Leasingvertrag

b) Die BüKo GmbH nutzt gegen Entgelt ein benachbartes Grundstück als gebührenpflichtigen Parkplatz. ☐

(5) Pachtvertrag

(6) Mietvertrag

c) Die BüKo GmbH nutzt für eine Geschäftsreise einen Pkw des Autohauses Körper GmbH gegen Entgelt. ☐

(7) Leihvertrag

Aufgabe 22

Was versteht man unter einem Konsumgut?

(1) Alle Güter, die bei deren Nutzung verbraucht werden, z. B. Lebensmittel, Getränke.

(2) Alle Güter, die man dauerhaft nutzt, z. B. Küchenmaschinen, Möbel.

(3) Alle Güter, die von jedermann käuflich erworben werden können.

(4) Alle Güter, die vom Endkonsumenten gebraucht oder verbraucht werden.

(5) Alle Güter, die der Kunde im Lebensmitteleinzelhandel kauft.

Aufgabe 23

Welche Auswirkungen kann eine Aufwertung des Euro haben?

(1) Die Arbeitsplätze in Deutschland werden sicherer.

(2) Deutsche Waren werden im außereuropäischen Ausland teurer.

(3) Deutsche Waren werden im außereuropäischen Ausland billiger.

(4) Ausländische Waren werden im Inland teurer.

(5) Die internationale Wettbewerbsfähigkeit der deutschen Wirtschaft wird gestärkt.

Aufgabe 24

Wodurch kann eine Rezession ausgelöst werden?

(1) Durch eine kurzfristige Nachfrageerhöhung kommt es zu Lieferschwierigkeiten, die Preise steigen.

(2) Die Nachfrage nach Krediten für Investitionen ist gering, die Investitionen gehen zurück.

(3) Die Produktionskapazitäten sind voll ausgelastet. Die Produzenten investieren bei niedrigen Zinsen.

(4) Neue Technologien führen zu niedrigeren Preisen. Die Güternachfrage nimmt dadurch zu.

(5) Ein zu großer Teil des verfügbaren Einkommens wird für Konsumausgaben gebraucht.

Aufgabe 25

Die Bundesregierung will eine langsam beginnende Aufschwungphase durch Steuervergünstigungen verstärken. Welcher Sachverhalt wirkt dieser Maßnahme entgegen?

(1) Die Haushalte sparen das zusätzliche Einkommen.

(2) Die Zinsen für Kredite sinken.

(3) Der Staat erhöht seine Investitionen.

(4) Die Unternehmen erhöhen ihre Investitionen.

(5) Die Haushalte konsumieren mehr Güter.

Aufgabe 26

Welche der folgenden Betriebsanweisungen zur Unfallverhütung beziehen sich speziell auf den Brandschutz?

(1) „Füllen Sie giftige Flüssigkeiten niemals in Trinkgefäße."

(2) „Sorgen Sie für die zügige Beseitigung verschütteter Flüssigkeiten oder heruntergefallener Lebensmittelreste."

(3) „Bewahren Sie in Räumen, in denen Gefahrstoffe gelagert werden, niemals Nahrungsmittel auf."

(4) „Entleeren Sie Aschenbecher nicht in Papierkörbe."

(5) „Bewahren Sie in Räumen, in denen Gefahrstoffe gelagert werden, niemals Kleidungsstücke auf."

Aufgabe 27

Durch welche grundsätzliche Symbolik sind Rettungszeichen gekennzeichnet?

(1) Sie sind durch einen blauen Kreis gekennzeichnet.

(2) Sie sind durch ein gelb-schwarzes Dreieck gekennzeichnet.

(3) Sie sind durch einen roten Kreis mit einem diagonalen Strich gekennzeichnet.

(4) Sie sind durch ein grünes Rechteck gekennzeichnet.

(5) Sie sind durch eine rote quadratische Raute gekennzeichnet.

Aufgabe 28

Das in der BüKo GmbH verwendete Kopierpapier trägt auf der Verpackung den sogenannten „blauen Engel", da es zu 100 % aus Altpapier hergestellt wurde. Welches umweltpolitische Ziel wird über den Einsatz dieses Papiers unterstützt?

(1) Reduzierung des Energieverbrauchs der BüKo GmbH

(2) Reduzierung des Papierverbrauchs der BüKo GmbH

(3) Reduzierung des Tonerverbrauchs der Kopierer der BüKo GmbH

(4) Reduzierung des Rohstoffverbrauchs bei der Papierherstellung

(5) Reduzierung der Entsorgungskosten der BüKo GmbH

Aufgabe 29

Welche Regelung entspricht den Unfallverhütungsvorschriften für Mitarbeiter im Bürogebäude der BüKo GmbH?

(1) Jeder Mitarbeiter ist verpflichtet, während der Arbeitszeit Sicherheitskleidung zu tragen.

(2) Jeder Mitarbeiter ist verpflichtet, eine Ausbildung in Erster Hilfe zu durchlaufen.

(3) Jeder Mitarbeiter ist verpflichtet, Sicherheitsmängel an Arbeitsgeräten schnellstmöglich und selbstständig zu beseitigen.

(4) Jeder Mitarbeiter ist verpflichtet, auch Arbeitsunfälle mit kleineren Verletzungen unverzüglich zu melden.

(5) Jeder Mitarbeiter ist verpflichtet, während der Arbeitszeit Sicherheitsschuhe zu tragen.

Aufgabe 30

Wer ist für den Erlass der Unfallverhütungsvorschriften zuständig?

(1) Industrie- und Handelskammer

(2) Bundesagentur für Arbeit

(3) Einzelhandelsverband

(4) Berufsgenossenschaft

(5) Gesundheitsamt

4. Prüfung

Sie sind Mitarbeiter/-in in der BüKo GmbH (siehe nachfolgende Unternehmensbeschreibung).

Beschreibung des Unternehmens

Firma	BüKo GmbH, Büroeinrichtungs- und Kommunikationssysteme
Geschäftszweck	Herstellung und Vertrieb von Büroeinrichtungs- und Kommunikationssystemen
Geschäftssitz	Ludwig-Thoma-Str. 47, 95447 Bayreuth
Registergericht	Amtsgericht Bayreuth HR B 345-0815 USt-IdNr.: DE999666333 Die BüKo GmbH ist Mitglied des Arbeitgeberverbands. Der Tarifvertrag findet Anwendung.
Geschäftsjahr	1. Januar bis 31. Dezember
Bankverbindungen	Sparkasse Bayreuth BIC BYLADEM1SBT IBAN DE29 7735 0110 0001 5427 53 Postbank Nürnberg BIC PBNKDEFFXXX IBAN DE58 7601 0085 0013 4616 46
Produktprogramm (eigene Erzeugnisse)	• Konferenztische • Konferenzstühle • Besucherstühle • Bürostühle • Regalsysteme
Dienstleistungen	• Lieferung und Montage von Büromöbeln • Entsorgung von Altmöbeln
Handelswaren	• Warengruppe 1: Bürotechnik • Warengruppe 2: Büroeinrichtung • Warengruppe 3: Verbrauch • Warengruppe 4: Organisation
Fertigungsverfahren	Einzel- und Serienfertigung
Stoffe/Vorprodukte	• Rohstoffe: Holz, Furniere, Möbelbezugsstoffe, Scharniere • Hilfsstoffe: Lacke, Klebstoffe, Schrauben, Nägel • Betriebsstoffe: Strom, Gas, Wasser, Heizöl, Schmierstoffe • Vorprodukte: Türschlösser, Türknöpfe • Energie: Strom, Gas
Mitarbeiter	• Angestellte: 42 • Arbeiter: 98 • Auszubildende: 8 Ein Betriebsrat und eine Jugend- und Auszubildendenvertretung sind eingerichtet.

Aufgaben

Situation zu den Aufgaben 1 bis 3

Als Mitarbeiter/-in der BüKo GmbH haben Sie Kontakt zu einem potenziellen neuen Lieferanten von Bürostühlen aufgenommen, der Comfort KG in Dresden. Ein Produktverzeichnis sowie die AGB des Unternehmens liegen Ihnen bereits vor. Zu Vertragsverhandlungen und für einen eventuellen Vertragsabschluss haben Sie einen Termin mit dem zuständigen Außendienstmitarbeiter der Comfort KG, Herrn Winfried Hübner.

Auszug aus den AGB der Comfort KG:

1. *Allgemeines: Für Lieferungen und Leistungen gegenüber Unternehmen gelten ausschließlich die nachfolgenden Bedingungen.*
   ...

2. *Vertragsabschluss: Unsere Angebote sind grundsätzlich freibleibend. Abweichungen, Nebenabreden und mündliche Vereinbarungen sowie Vereinbarungen mit unseren Handlungsreisenden, Handelsvertretern oder sonstigen Beauftragten bedürfen zu ihrer Wirksamkeit der schriftlichen Bestätigung durch uns.*
   ...

8. *Erfüllungsort und Gerichtsstand für beide Teile ist Dresden.*

Aufgabe 1

Was versteht man unter den Allgemeinen Geschäftsbedingungen (AGB)?

(1) Es handelt sich um Vertragsbedingungen, die für viele Verträge bereits vorformuliert sind.

(2) Es handelt sich um Vertragsbedingungen, die der Käufer dem Verkäufer auferlegt.

(3) Mithilfe der allgemeinen Geschäftsbedingungen kann aufgrund der bestehenden Vertragsfreiheit alles vereinbart werden. Sie werden jedoch erst gültig, wenn der Käufer das Vorgedruckte unterschreibt.

(4) Die allgemeinen Geschäftsbedingungen dienen der Risikoabwälzung auf den Verkäufer.

(5) Durch die allgemeinen Geschäftsbedingungen ist der Käufer dem Verkäufer letztlich schutzlos ausgeliefert.

Aufgabe 2

Um sich über die Eigentums- und Haftungsverhältnisse des vielleicht zukünftigen Lieferers Comfort KG zu informieren, haben Sie sich einen Handelsregisterauszug besorgt. Geben Sie an, wo das Handelsregister offiziell geführt wird.

(1) beim Amtsgericht Dresden

(2) beim Landgericht Dresden

(3) bei der zuständigen Gewerbeaufsichtsbehörde

(4) bei der Industrie- und Handelskammer Dresden

(5) beim Arbeitgeberverband

Aufgabe 3

Sie möchten weitere Einzelheiten über die rechtlichen und wirtschaftlichen Verhältnisse des potenziellen neuen Lieferanten in Erfahrung bringen. Welche Information können Sie dem Handelsregisterauszug über die Comfort KG entnehmen?

(1) die Anzahl der Beschäftigten der Comfort KG

(2) den Umsatz der Comfort KG im letzten oder vorletzten Geschäftsjahr

(3) die Art der Handlungsvollmacht des Außendienstmitarbeiters Herrn Hübner

(4) die Bilanz und die GuV-Rechnung des letzten oder vorletzten Geschäftsjahres

(5) die Vertretung der Gesellschaft nach außen, also gegenüber Dritten

Situation zu den Aufgaben 4 bis 5

In der BüKo GmbH beschweren sich vermehrt Kunden über die eingeschränkte Funktionsfähigkeit der Schubladen des Schreibtisches „Smart Solution". Besonders verärgert waren die Kunden allerdings darüber, dass die Reklamationen nicht zeitnah bearbeitet wurden. Zu diesem Zwecke wird nun ein Projektteam gebildet, das die Aufgabe hat, den Geschäftsprozess der Bearbeitung von Reklamationen zu verbessern. Sie werden gebeten, in diesem Projektteam mitzuarbeiten.

Aufgabe 4

Der Verbesserungsprozess innerhalb der BüKo GmbH erfordert ein systematisches Vorgehen. Planen Sie Ihr Vorgehen und bringen Sie dazu die Schritte dieses Prozesses in die richtige Reihenfolge, indem Sie die Ziffern 1 bis 5 in die Kästchen neben den Prozessschritten eintragen.

- Einführung eines neuen Arbeitsablaufs nach einer Testphase ☐

- Ist-Aufnahme des Bearbeitungsprozesses von Reklamationen ☐

- Kontrolle des neuen Arbeitsablaufes ☐

- Analyse des Bearbeitungsprozesses von Reklamationen ☐

- Erstellung eines Soll-Vorschlags zur Bearbeitung von Reklamationen ☐

Aufgabe 5

Die Reklamationen werden in der BüKo GmbH in einer Abteilung mit drei Mitarbeiterinnen bearbeitet. Zur Erfassung des derzeitigen Bearbeitungsprozesses (Ist-Aufnahme) werden verschiedene Methoden diskutiert.
Welche Methode ist in diesem Fall zweckmäßig?

(1)   schriftliche Kundenbefragung

(2)   Interview der Mitarbeiterinnen

(3)   Dauerbeobachtung

(4)   Multi-Moment-Aufnahme

(5)   Panel

Situation zu den Aufgaben 6 und 7

In der BüKo GmbH wird eine neue ERP-Software eingeführt, die u. a. auch die Dokumentation aller Arbeitsabläufe in Form von ereignisgesteuerten Prozessketten (EPK) vorsieht.

Aufgabe 6

Welche zwei zusätzlichen Informationsebenen (Sichten) werden bei der Darstellung von Prozessen in Form von ereignisgesteuerten Prozessketten (EPK) integriert?

(1)   Datensicht und Organisationssicht

(2)   Kostensicht und Datensicht

(3)   Organisationssicht und Marketingsicht

(4)   Kostensicht und Marketingsicht

(5)   Organisationssicht und Kostensicht

Abbildung zu Aufgabe 7

Beispiel Ereignisgesteuerte Prozesskette (EPK)

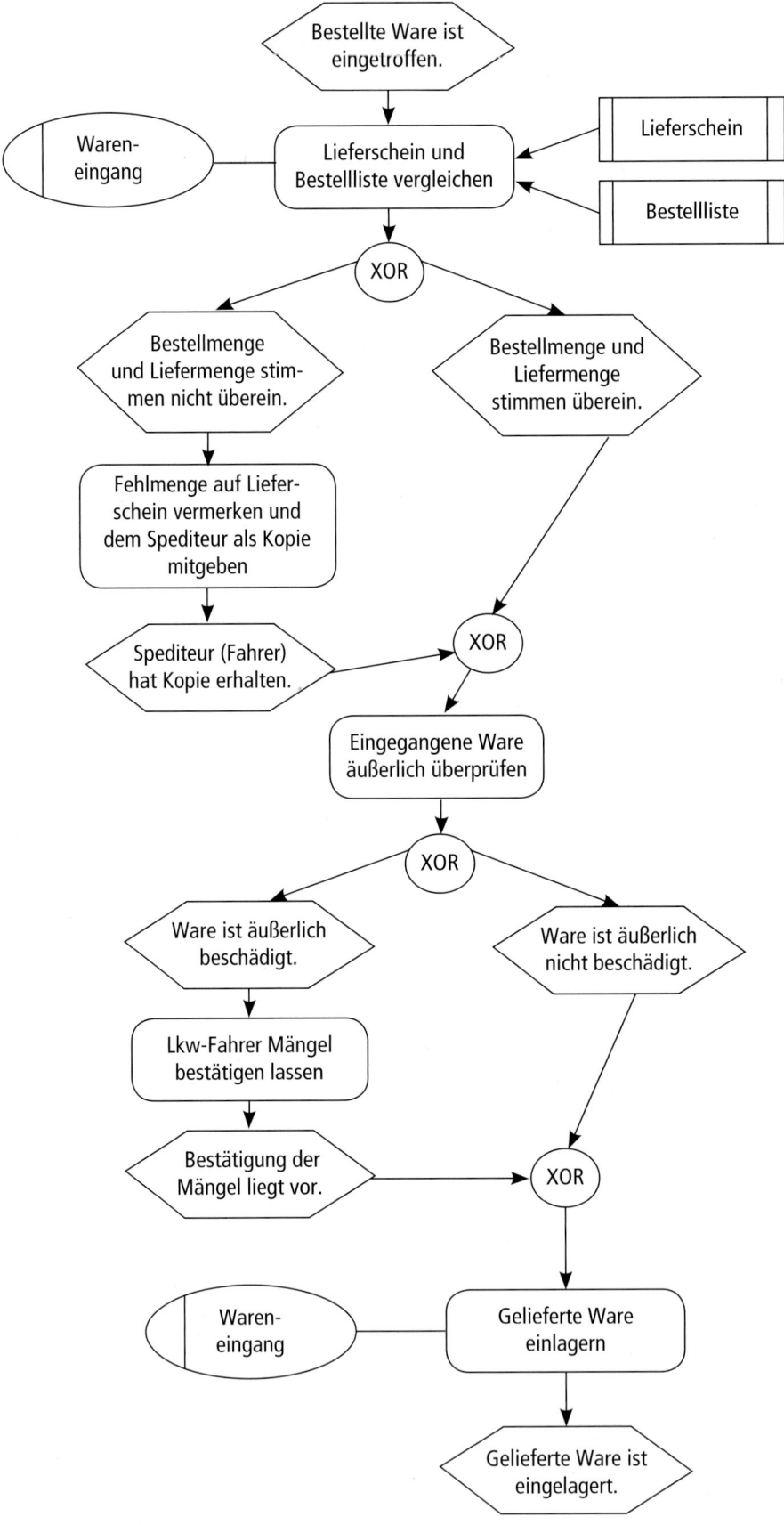

Aufgabe 7

Welche der folgenden Aussagen zur abgebildeten EPK ist <u>nicht</u> zutreffend?

(1) Der Vergleich von Lieferschein und Bestellschein ist Aufgabe der Organisationseinheit „Wareneingang".

(2) Nachdem überprüft wird, ob Bestellmenge und Liefermenge übereinstimmen, wird die eingegangene Ware äußerlich überprüft.

(3) Ist die Ware äußerlich beschädigt, ist dies vom Lkw-Fahrer bestätigen zu lassen.

(4) Das Symbol „XOR" ist ein logisches „Oder", d. h., es bedeutet entweder das eine oder das andere oder beides zugleich.

(5) Das Symbol „XOR" ist ein logisches „Entweder … oder", d. h., nur eine der beiden Möglichkeiten kommt infrage.

Aufgabe 8

Unter Organisation versteht man eine sinnvolle, planmäßige Ordnung eines Unternehmens. Welche der unten stehenden Aussagen zur Organisation ist falsch?

(1) Die Organisation ordnet Aufgaben bestimmten Stellen zu.

(2) Die Organisation legt fest, wie Arbeitsprozesse ablaufen.

(3) Die Organisation gliedert das Unternehmen in Aufgaben- und Funktionsbereiche.

(4) Die Organisation regelt Zuständigkeiten und Verantwortlichkeiten.

(5) Die Organisation stellt sicher, dass nur vorgegebene Entscheidungen getroffen werden dürfen.

Aufgabe 9

Was ist unter dem „Dilemma der Ablaufplanung" zu verstehen?

(1) Mit dem „Dilemma der Ablaufplanung" ist das Problem der zeitlichen Erfassung der Fertigungszeiten gemeint.

(2) Mit dem „Dilemma der Ablaufplanung" ist gemeint, dass die Vertriebssteuerung häufig mit der Arbeitsvorbereitung in Konflikte über Fertigungstermine gerät.

(3) Bei dem „Dilemma der Ablaufplanung" handelt es sich um ein Planungsproblem in der Abstimmung zwischen Personalabteilung und Vertriebsabteilung.

(4) Mit dem „Dilemma der Ablaufplanung" ist der Zielkonflikt zwischen Auslastung der Kapazitäten und der Verkürzung der Durchlaufzeiten gemeint.

(5) Mit dem „Dilemma der Ablaufplanung" ist gemeint, dass die Arbeitsvorbereitung häufig mit der Produktion in Konflikte über Fertigungstermine gerät.

Aufgabe 10

In welchem Fall handelt die BüKo GmbH nach dem Minimalprinzip?

(1) Eine Mitarbeiterin der Abteilung Einkauf der BüKo GmbH bestellt 50 Besprechungsstühle beim preisgünstigsten Lieferanten, den sie durch einen Angebotsvergleich ermittelt hat.

(2) Eine Mitarbeiterin der Abteilung Einkauf der BüKo GmbH bestellt die qualitativ hochwertigsten Besprechungsstühle. Da das Einkaufbudget nicht für 50 Stühle ausreicht, bestellt sie nur 30.

(3) Die BüKo GmbH mietet zusätzlichen Lagerraum an, um durch größere Abnahmemengen günstigere Konditionen erzielen zu können und unabhängiger von Lieferanten zu werden.

(4) Die BüKo GmbH stellt zwei neue Außendienstmitarbeiter ein, um den Absatz zu steigern.

(5) Die BüKo GmbH veranstaltet einen Betriebsausflug, um dadurch die Motivation der Mitarbeiter zu erhöhen.

Aufgabe 11

Was lässt sich aus dem vorliegenden Angebot-Nachfrage-Diagramm im Punkt X ablesen?

(1) die Gleichgewichtsmenge

(2) die angebotene Menge

(3) die nachfragte Menge

(4) der Mindestpreis

(5) der Gleichgewichtspreis

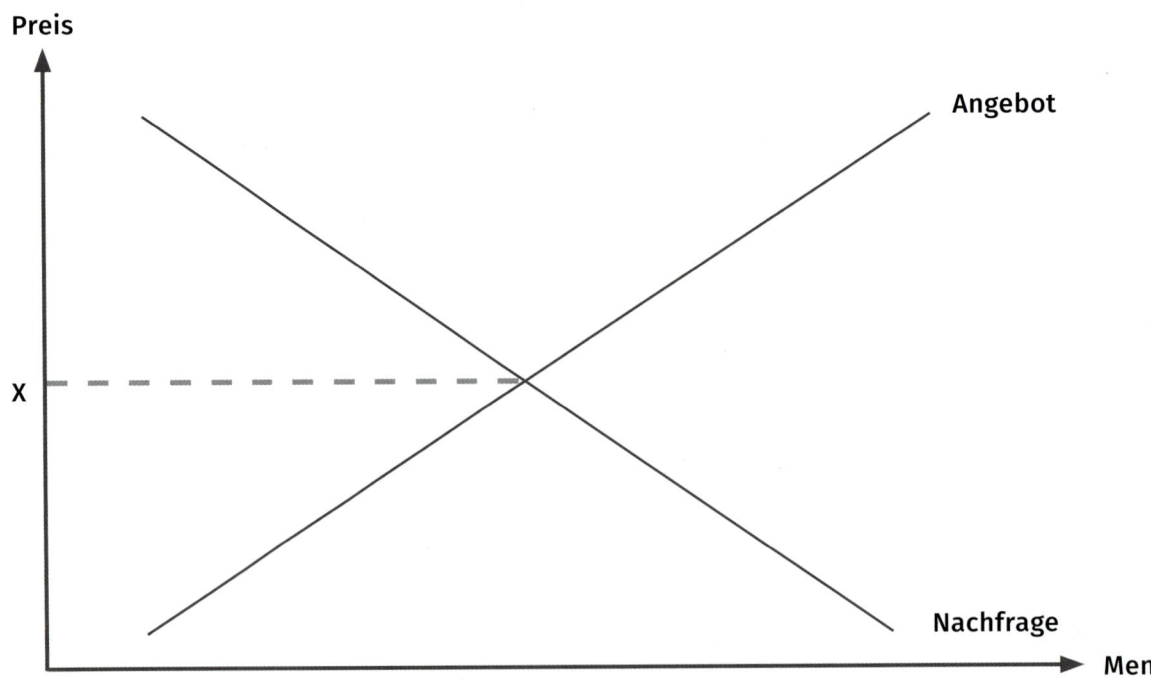

Aufgabe 12

Als Mitarbeiter der Abteilung Verkauf analysieren Sie die Absatzstatistik der BüKo GmbH. Dabei fällt Ihnen auf, dass die Absatzzahlen des Konferenztisches Konzentra im letzten Quartal gegenüber dem vorletzten Quartal leicht rückläufig sind. Der Konferenztisch soll weiterhin am Markt angeboten werden. Ziel der BüKo GmbH ist eine weitere Steigerung des Absatzes des Konferenztisches Konzentra.
Welche der folgenden Maßnahmen ist in dieser Situation zweckmäßig?

(1) Abbau von Personal

(2) Umstellung des Produktionsverfahrens auf Fließbandfertigung

(3) Preissenkung (zeitlich befristet)

(4) Reduzierung der Werbeaktivitäten

(5) horizontale Produktdiversifikation

Aufgabe 13

Ordnen Sie zu, indem Sie die Buchstaben von drei der insgesamt fünf Tätigkeiten in die Kästchen neben die Wirtschaftssektoren eintragen.

(1) Die Rentenversicherung zahlt Rente.

(2) Eine Bank finanziert einen Hauskauf.

(3) Ein Arzt überweist seinen Patienten in ein Krankenhaus.

(4) Ein Hochseeschiff fängt Heringe.

(5) Ein Konditor backt eine Schwarzwälder Kirschtorte.

Wirtschaftssektor

primärer Sektor ☐

sekundärer Sektor ☐

tertiärer Sektor ☐

Situation zu den Aufgaben 14 bis 16

Die BüKo GmbH bietet u. a. den Besprechungsstuhl Effekta an. Mit diesem Produkt steht sie im unmittelbaren Wettbewerb mit den Mitkonkurrenten Meier OHG, Hausmann KG und Hofmann GmbH, die ein sehr ähnliches Produkt anbieten. Die gesamte Aufnahmefähigkeit des Marktes beträgt für dieses Produkt 2 000 Stück pro Geschäftsjahr.

Für den Besprechungsstuhl Effekta und die gleichwertigen Konkurrenzprodukte liegen folgende Daten für das abgelaufene Geschäftsjahr vor:

Unternehmen	Absatz (in Stück)	Umsatz (in €)
Meier OHG	600	117 000,00
Hausmann KG	400	88 000,00
Hofmann GmbH	200	48 000,00
BüKo GmbH	500	100 000,00

Aufgabe 14

Ermitteln Sie den Sättigungsgrad des Marktes im abgelaufenen Geschäftsjahr in Prozent.

Aufgabe 15

Ermitteln Sie den durchschnittlichen Verkaufspreis der vier Anbieter (gewogener Durchschnitt).

Aufgabe 16

Ermitteln Sie, um wie viel Prozent der Verkaufspreis der BüKo GmbH niedriger war als der in Aufgabe 15 ermittelte durchschnittliche Verkaufspreis (auf zwei Nachkommastellen gerundet).

Situation zu den Aufgaben 17 bis 21

Die zwei ehemaligen Auszubildenden der BüKo GmbH Alexander Herd und Tobias Rodler planen, sich selbstständig zu machen. Sie wollen ein Unternehmen gründen, das andere Unternehmen im Hinblick auf ihre EDV-Organisation berät und deren Netzwerke betreut. Alexander Herd will als Gesellschafter eine Bareinlage von 35 000,00 € leisten und ist bereit, mit seinem Privatvermögen für Verbindlichkeiten des Unternehmens unbeschränkt zu haften. Tobias Rodler will als Gesellschafter 25 000,00 € in das Unternehmen einbringen, er will allerdings über diese Einlage hinaus nicht mit seinem Privatvermögen haften.

Aufgabe 17

Welche der folgenden Rechtsformen müssen Alexander Herd und Tobias Rodler in diesem Fall wählen?

(1) Genossenschaft

(2) GbR

(3) OHG

(4) KG

(5) GmbH

Aufgabe 18

Alexander Herr und Tobias Rodler wollen als zusätzliches Entscheidungskriterium für die Wahl der Rechtsform ihres Unternehmens auch noch die Regelungen zur Gewinnverteilung heranziehen. Ordnen Sie zu, welche der folgenden Formeln der Gewinnverteilung für die nachstehenden Rechtsformen gelten.

(1) Verteilung des Gewinns im Verhältnis der Stammeinlagen

(2) 4 % Verzinsung des Kapitalanteils, Verteilung des Restbetrages nach Köpfen

(3) 4 % Verzinsung des Kapitalanteils, Verteilung des Restbetrages im angemessenen Verhältnis

(4) keine der aufgeführten Regelungen

a) GbR ☐

b) AG ☐

c) OHG ☐

d) KG ☐

e) GmbH ☐

Aufgabe 19

Angenommen, Alexander Herd und Tobias Rodler entscheiden sich, eine OHG zu gründen, diese OHG ist nach einigen Jahren zahlungsunfähig und ein Insolvenzverfahren muss eingeleitet werden. Wie haften die beiden?

(1) Jeder haftet für sich mit seinem gesamten Vermögen.

(2) Sie haften jeweils nur mit ihrem Privatvermögen.

(3) Sie haften gemeinsam und solidarisch, unmittelbar und mit ihrem gesamten Vermögen.

(4) Jeder haftet für die von ihm abgeschlossenen Geschäfte.

(5) Jeder haftet mit seiner Einlage.

Aufgabe 20

Welches Recht erwirbt das Unternehmen als Kaufmann im Sinne des HGB mit der Eintragung in das Handelsregister?

(1) das Recht auf Erteilung einer Handlungsvollmacht

(2) das Recht auf Erteilung einer Prokura

(3) das Recht auf Eingehen von Wechselverbindlichkeiten

(4) das Recht auf Abschließung von Kaufverträgen

(5) das Recht auf Einstellung von Mitarbeitern

Aufgabe 21

Wie ist die gesetzliche Regelung zur Gewinnverteilung bei der GmbH?

(1) 5 % auf die Kapitaleinlage, der Rest in angemessenem Verhältnis

(2) 4 % auf die Kapitaleinlage, der Rest nach Köpfen

(3) 4 % auf die Kapitaleinlage, der Rest in angemessenem Verhältnis

(4) gleichmäßige Gewinnverteilung nach Köpfen

(5) Verteilung im Verhältnis der Geschäftsanteile

Situation zu den Aufgaben 22 bis 26

Die 17-jährige Valerie Neumann absolviert in der BüKo GmbH eine Ausbildung zur Kauffrau für Büromanagement und steht unmittelbar vor der Abschlussprüfung.

Aufgabe 22

Am Tag vor der schriftlichen Prüfung möchte Valerie Neumann unbedingt von der Arbeit freigestellt werden, um sich noch einmal intensiv auf die Abschlussprüfung vorzubereiten.

(1) Die BüKo GmbH muss Frau Neumann freistellen, es würde allerdings dafür ein Urlaubstag angerechnet.

(2) Die BüKo GmbH kann Frau Neumann freistellen, wenn diese ein entsprechendes Polster an Überstunden hat, das sie „abfeiern" kann.

(3) Die BüKo GmbH muss Frau Neumann nur dann freistellen, wenn der Prüfungstag ein Berufsschultag ist.

(4) Die BüKo GmbH muss vor Frau Neumann freistellen, weil sie noch minderjährig ist.

(5) Die BüKo GmbH ist nicht verpflichtet, Frau Neumann freizustellen.

Auszug aus dem JArbSchG

§ 10 Prüfungen und außerbetriebliche Ausbildungsmaßnahmen

(1) der Arbeitgeber hat den Jugendlichen
1. für die Teilnahme an Prüfungen und Ausbildungsmaßnahmen, die aufgrund öffentlich-rechtliche oder vertraglicher Bestimmungen außerhalb der Ausbildungsstätte durchzuführen sind,
2. an dem Arbeitstag, der der schriftlichen Abschlussprüfung unmittelbar vorangeht, freizustellen.

Aufgabe 23

Am 11. Juli besteht Frau Neumann den mündlichen Teil der Abschlussprüfung. Ihr Ausbildungsvertrag läuft bis zum 31. Juli. Ab wann kann Frau Neumann frühestens bei der BüKo GmbH als Angestellte anfangen?

(1) Sie kann am 11. Juli bei der BüKo GmbH antreten, da das Ausbildungsverhältnis mit bestandener Abschlussprüfung automatisch endet.

(2) Sie kann am 12. Juli bei der BüKo GmbH antreten, da das Ausbildungsverhältnis mit bestandener Abschlussprüfung automatisch endet.

(3) Sie kann am 1. August bei der BüKo GmbH antreten, da das Ausbildungsverhältnis zum 31. Juli endet.

(4) Zwar endet das Ausbildungsverhältnis zum 11. Juli, Frau Neumann kann allerdings erst zum nächsten Monatsanfang, also zum 1. August ihre neue Stelle als Verkäuferin bei der BüKo GmbH antreten.

(5) Wenn die IHK zustimmt, kann Frau Neumann bereits am 12. Juli ihre Stelle bei der BüKo GmbH antreten.

Aufgabe 24

Frau Neumann interessiert sich für die Arbeitsschutzbestimmungen, die für sie gelten. Von welcher Institution kann sie entsprechende Informationen erhalten?

(1) vom staatlichen Gesundheitsamt

(2) von der zuständigen Gewerkschaft

(3) vom Einzelhandelsverband

(4) von der Berufsgenossenschaft

(5) von der Bundesagentur für Arbeit

Aufgabe 25

Welche **zwei** der folgenden Institutionen sind keine Einrichtungen zur Überwachung der Arbeitssicherheit und des Gesundheits- und Unfallschutzes in Betrieben?

(1) Amtsgericht

(2) Berufsgenossenschaft

(3) Gewerbeaufsichtsamt

(4) Technischer Überwachungsverein TÜV

(5) Industrie- und Handelskammer

Aufgabe 26

Welche Bedeutung hat das folgende Symbol?

(1) Brandmelder

(2) Brandmeldetelefon

(3) Fluchtweg

(4) Löschschlauch

(5) Gesundheitsgefahr

Aufgabe 27

Ein Vertreter der Gewerbeaufsichtsbehörde überprüft die BüKo GmbH. Welcher Sachverhalt wird kontrolliert?

(1) die Einhaltung des Tarifvertrags

(2) die korrekte Abführung der Sozialversicherungsbeiträge

(3) die Einhaltung der Bestimmungen des Jugendarbeitsschutzgesetzes

(4) die Einhaltung des Ausbildungsplanes bei den Auszubildenden

(5) die Einhaltung der unverbindlichen Preisempfehlungen der Hersteller

Aufgabe 28

Welche der folgenden Aussagen ist zutreffend?

(1) Einzelhandelsunternehmen sind verpflichtet, Tragetaschen mit dem „Grünen Punkt" zurückzunehmen.

(2) Einzelhandelsunternehmen sind nicht verpflichtet, Tragetaschen mit dem „Grünen Punkt" zurückzunehmen.

(3) Einzelhandelsunternehmen sind verpflichtet, jede Verkaufsverpackung zurückzunehmen.

(4) Einzelhandelsunternehmen sind verpflichtet, Informationsschilder über die Rücknahme von Verpackungsmaterial mit dem „Grünen Punkt" in den Geschäftsräumen aufzustellen.

(5) Einzelhandelsunternehmen sind nicht verpflichtet, sogenannte Serviceverpackungen zurückzunehmen, wenn der „Grüne Punkt" fehlt.

Aufgabe 29

Sie entdecken im Nebenraum einen Kabelbrand. Was dürfen Sie auf keinen Fall tun?

(1) Sie holen sich einen Eimer Wasser und löschen das Feuer.

(2) Sie nehmen sich einen Feuerlöscher und löschen das Feuer.

(3) Sie betätigen einen Feuermelder und lösen somit Feueralarm aus.

(4) Sie melden das Feuer an die Telefonzentrale.

(5) Sie alarmieren über ihr Handy die Feuerwehr.

Aufgabe 30

Welche der folgenden Aussagen ist geeignet, die Verpackungsmengen der BüKo GmbH umweltbewusst zu vermindern?

(1) Die BüKo GmbH verzichtet, soweit möglich, auf Umverpackungen.

(2) Es werden Sammelcontainer zur getrennten Verpackungsmaterialversammlung aufgestellt.

(3) Das Verpackungsmaterial wird im Inland statt im Ausland recycelt.

(4) Das Verpackungsmaterial wird in Hochtemperaturöfen umweltgerecht verbrannt.

(5) Holzpaletten werden durch Kunststoffpaletten ersetzt.

5. Prüfung

Sie sind Mitarbeiter/-in in der BüKo GmbH (siehe nachfolgende Unternehmensbeschreibung).

Beschreibung des Unternehmens

Firma	BüKo GmbH, Büroeinrichtungs- und Kommunikationssysteme
Geschäftszweck	Herstellung und Vertrieb von Büroeinrichtungs- und Kommunikationssystemen
Geschäftssitz	Ludwig-Thoma-Str. 47, 95447 Bayreuth
Registergericht	Amtsgericht Bayreuth HR B 345-0815 USt-IdNr.: DE999666333 Die BüKo GmbH ist Mitglied des Arbeitgeberverbands. Der Tarifvertrag findet Anwendung.
Geschäftsjahr	1. Januar bis 31. Dezember
Bankverbindungen	Sparkasse Bayreuth BIC BYLADEM1SBT IBAN DE29 7735 0110 0001 5427 53 Postbank Nürnberg BIC PBNKDEFFXXX IBAN DE58 7601 0085 0013 4616 46
Produktprogramm (eigene Erzeugnisse)	• Konferenztische • Konferenzstühle • Besucherstühle • Bürostühle • Regalsysteme
Dienstleistungen	• Lieferung und Montage von Büromöbeln • Entsorgung von Altmöbeln
Handelswaren	• Warengruppe 1: Bürotechnik • Warengruppe 2: Büroeinrichtung • Warengruppe 3: Verbrauch • Warengruppe 4: Organisation
Fertigungsverfahren	Einzel- und Serienfertigung
Stoffe/Vorprodukte	• Rohstoffe: Holz, Furniere, Möbelbezugsstoffe, Scharniere • Hilfsstoffe: Lacke, Klebstoffe, Schrauben, Nägel • Betriebsstoffe: Strom, Gas, Wasser, Heizöl, Schmierstoffe • Vorprodukte: Türschlösser, Türknöpfe • Energie: Strom, Gas
Mitarbeiter	• Angestellte: 42 • Arbeiter: 98 • Auszubildende: 8 Ein Betriebsrat und eine Jugend- und Auszubildendenvertretung sind eingerichtet.

Aufgaben

Situation zu den Aufgaben 1 bis 3

> Die BüKo GmbH benötigt für die Produktion eine neue CNC-Maschine im Wert von 69 000,00 €. In der Abteilung Rechnungswesen wird darüber diskutiert, wie diese Anschaffung finanziert werden soll.

Aufgabe 1

Der geschäftsführende Gesellschafter stellt den Vorschlag in den Raum, einen Teil des Jahresgewinns nicht an die Gesellschafter auszuschütten, sondern im Unternehmen zu belassen.
Um welche Finanzierungsart würde es sich in diesem Fall handeln?

(1) Finanzierung aus Rückstellungen

(2) Finanzierung aus Rücklagen

(3) Beteiligungsfinanzierung

(4) Selbstfinanzierung

(5) Fremdfinanzierung

Aufgabe 2

Der Abteilungsleiter Rechnungswesen/Controlling gibt den Hinweis, den ohnehin schon hohen Fremdkapitalanteil nach Möglichkeit nicht weiter zu erhöhen. Welche der folgenden Finanzierungsarten würde zu einer Erhöhung des Fremdkapitalanteils führen?

(1) Factoring

(2) Leasing

(3) Darlehen

(4) Beteiligungsfinanzierung

(5) Selbstfinanzierung

Aufgabe 3

Welchen Vorteil hätte es, wenn die BüKo GmbH die CNC-Maschine nicht kauft, sondern sich stattdessen für Leasing entscheidet.

(1) uneingeschränkte Verfügungsgewalt

(2) geringere Einschränkung der Liquidität

(3) Erhöhung der Bilanzsumme

(4) Erwerb des Eigentums an der CNC-Maschine

(5) keine monatlichen Kosten

Aufgabe 4

In der Volkswirtschaftslehre wird zwischen Bedürfnissen und Bedarf unterschieden.
Welche Aussage ist zutreffend?

(1) Jeder Bedarf löst ein Bedürfnis aus.

(2) Jedes Bedürfnis löst einen Bedarf aus.

(3) Bedürfnisse sind die Mangelempfindungen der Menschen, Bedarf die mit Kaufkraft versehenen Bedürfnisse.

(4) Ein Bedürfnis ist der Wunsch des Kunden, ein Konsumgut zu besitzen. Bei Investitionsgütern spricht man von einem Bedarf.

(5) Bedürfnisse erstrecken sich auf Kultur- und Luxusgüter, der Bedarf bezieht sich nur auf die lebensnotwendigen Güter.

Aufgabe 5

Was ist im vorliegenden Angebot-Nachfrage-Diagramm im Punkt X gegeben?

(1) ein Marktgleichgewicht

(2) ein Angebotsüberhang

(3) ein Nachfrageüberhang

(4) ein Höchstpreis

(5) eine vom Markt ausgelöste Preiserhöhung

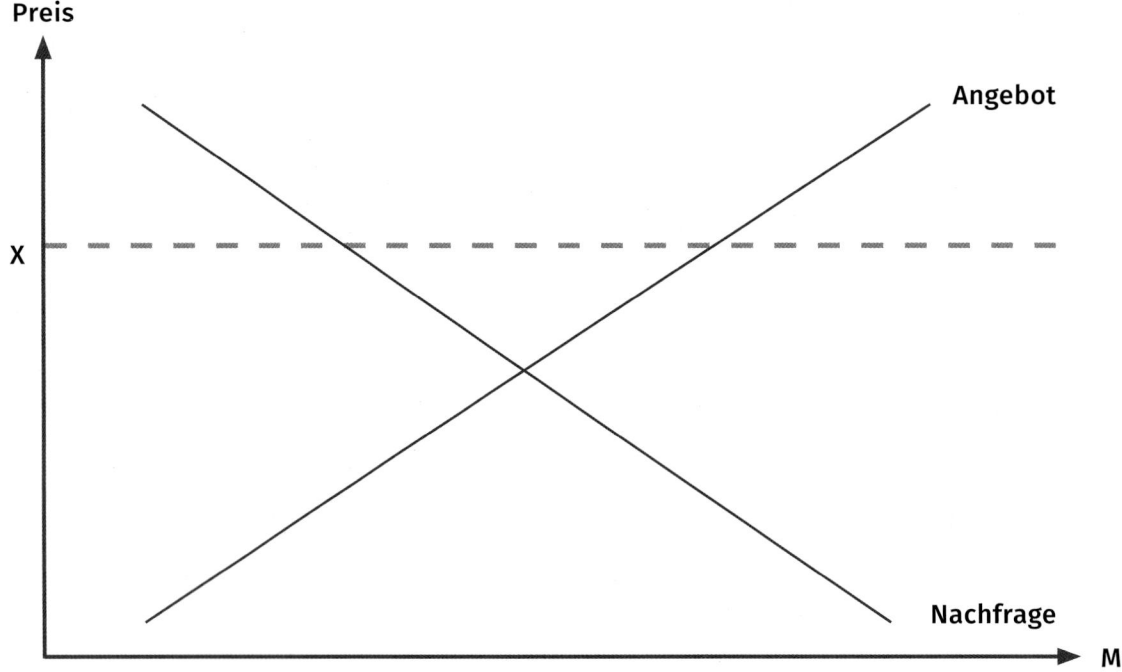

Aufgabe 6

Die BüKo GmbH stellt Güter her, die der Bedürfnisbefriedigung dienen. Welche der folgenden Aussagen zu Gütern ist zutreffend?

(1) Ein Gut, das mit Gewinn verkauft wird, ist immer auch ein Investitionsgut.

(2) Konsumgüter sind immer auch Verbrauchsgüter.

(3) Produktionsgüter sind immer auch Gebrauchsgüter.

(4) Jedes Gut ist entweder ein Produktionsgut oder Konsumgut.

(5) Sowohl Produktions- als auch Konsumgüter können Gebrauchs- und Verbrauchsgüter sein.

Aufgabe 7

Die BüKo GmbH berücksichtigt bei ihren unternehmerischen Entscheidungen das ökonomische Prinzip.
Welche der folgenden Aussagen zum ökonomischen Prinzip ist zutreffend?

(1) Das ökonomische Prinzip besagt, dass mit einem minimalen Input ein maximaler Output erreicht werden soll.

(2) Das ökonomische Prinzip ist die Grundlage jeden wirtschaftlichen Handelns.

(3) Das ökonomische Prinzip wird in allen Volkswirtschaften beachtet.

(4) Das ökonomische Prinzip gilt nur für Erwerbsunternehmen.

(5) Das ökonomische Prinzip besagt, dass möglichst wenigen Ausgaben möglichst viele Einnahmen gegenüberstehen.

Aufgabe 8

Man unterscheidet volkswirtschaftliche und betriebswirtschaftliche Produktionsfaktoren. In welcher Kombination sind die volkswirtschaftlichen Produktionsfaktoren vollständig aufgeführt?

(1) Arbeit, Boden, Kapital, Bildung

(2) Arbeit, Boden, Werkstoffe, Bildung

(3) Arbeit, Boden, Werkstoffe, Planung

(4) Arbeit, Boden, Kapital, Planung

(5) Arbeit, Werkstoffe, Boden, Planung

Aufgabe 9

Prüfen Sie, in welchem Fall bei der BüKo GmbH die Substitution eines Produktionsfaktors stattfindet.

(1) Um Absatzschwankungen zu vermeiden, wird das Produktionsprogramm um spezielle Designer-Büromöbel erweitert.

(2) Durch den Einsatz einer vollautomatischen Maschine wird die Stelle eines aus Altersgründen ausscheidenden Facharbeiters nicht mehr besetzt.

(3) Durch eine Optimierung des Arbeitsablaufs und eine sinnvollere Anordnung der Maschinen wird die Durchlaufzeit erheblich verkürzt.

(4) Eine durch Verschleiß störungsanfällige Verpackungsmaschine wird durch eine neue Verpackungsmaschine ersetzt.

(5) Zum nächsten Einstellungstermin wird die Zahl der Ausbildungsplätze verdoppelt.

Aufgabe 10

Welche Auswirkung hat eine konsequent betriebene Arbeitsteilung für die BüKo GmbH?

(1) Durch die Arbeitsteilung wird das Aufgabengebiet der einzelnen Mitarbeiter abwechslungsreicher.

(2) Bei Arbeitsteilung entfällt die gegenseitige Abhängigkeit der einzelnen Mitarbeiter.

(3) Durch Arbeitsteilung wird bei gleicher Beschäftigungsdauer der einzelnen Mitarbeiter eine höhere Produktivität erreicht.

(4) Durch die Arbeitsteilung sinkt die Produktivität der einzelnen Mitarbeiter.

(5) Durch die Arbeitsteilung wird die Mobilität des einzelnen Mitarbeiters erhöht.

Aufgabe 11

Bei welchen der folgenden Beispiele handelt es sich nicht um Aufgaben der Aufbauorganisation?

(1) Erstellung eines Organigramms

(2) Bildung einer neuen Abteilung

(3) Festlegung der Vertretungsbefugnisse eines Abteilungsleiters

(4) Aufstellen eines Finanzierungsplans für anstehende Investitionen

(5) Zusammenfassung eines bestimmten Tätigkeitsspektrum zum Aufgabengebiet einer Stelle

Aufgabe 12

Ordnen Sie drei der folgenden Organisationsformen der passenden Definition zu.

(1)   Einliniensystem

(2)   Mehrliniensystem

(3)   Stabliniensystem

(4)   Matrixorganisation

(5)   Spartenorganisation

-    Relativ homogene Produkte bzw. Produktgruppen werden eigenverantwortlich nach dem Objektprinzip zusammengefasst. ☐

-    Für jede Stelle gibt es genau eine Stelle, die Weisungen erteilt. ☐

-    Den in Linien organisierten Instanzen werden zu ihrer Entlastung Stellen zugeordnet, die keine Weisungsbefugnis haben. ☐

Aufgabe 13

Welche der folgenden Aussagen über das Organigramm sind falsch?

(1)   Das Organigramm zeigt den organisatorischen Aufbau eines Unternehmens.

(2)   Das Organigramm ist die bildliche Darstellung des Zusammenhangs zwischen den Stellen und deren Beziehungen untereinander innerhalb eines Betriebes.

(3)   Das Organigramm gibt die genauen Arbeitsanweisungen für die einzelnen Stellen an.

(4)   Das Organigramm kann sowohl horizontal als auch vertikal dargestellt werden.

(5)   Das Organigramm verdeutlicht den Verantwortungsbereich einzelner Mitarbeiter.

Aufgabe 14

Die BüKo GmbH unterhält u. a. Geschäftsbeziehungen mit den Lieferanten Heinz Müller e. K., Lorenz Maschinenbau AG und Holzhandel Kiefer KG.
Welche der unten stehenden Sachverhalte treffen

(1)   nur auf die Heinz Müller e. K.

(2)   nur auf die Holzhandel Kiefer KG

(3)   nur auf die Lorenz Maschinenbau AG

(4)   sowohl auf die Heinz Müller e. K. als auch auf die Holzhandel Kiefer KG

(5)   auf die Heinz Müller e. K., die Lorenz Maschinenbau AG und die Holzhandel Kiefer KG

zu?

Sachverhalte:

- Gewerbesteuerpflicht ☐

- Eintragung in Abteilung A des Handelsregisters ☐

- Haftung nur mit dem Geschäftsvermögen ☐

Aufgabe 15

Bei welchen der folgenden Kunden der BüKo GmbH handelt es sich um Kapitalgesellschaften? (zwei Lösungen)?

(1) Sommer OHG

(2) Heinz Müller e. K.

(3) Lorenz Maschinenbau AG

(4) Holzhandel Kiefer KG

(5) Möbelhandel Murrmann GmbH

Aufgabe 16

Die Auszubildende Nicole Schneider ist 17 Jahre alt und seit sechs Monaten bei der BüKo GmbH beschäftigt. Am Montag beginnt ihre Arbeitszeit um 8:00 Uhr und endet um 17:00 Uhr. Prüfen Sie anhand des unten stehenden Auszugs aus dem Jugendarbeitsschutzgesetz, wann sie spätestens eine Pause machen muss.

(1) um 9:00 Uhr

(2) um 12:00 Uhr

(3) um 12:30 Uhr

(4) um 13:00 Uhr

(5) um 13:30 Uhr

Auszug aus dem JArbSchG

§ 11 Ruhepausen, Aufenthaltsräume vor

(1) Jugendlichen müssen im Voraus feststehen die Ruhepausen von angemessener Dauer gewährt werden. Die Ruhepausen müssen mindestens betragen
   1. 30 Minuten bei einer Arbeitszeit von mehr als viereinhalb bis zu sechs Stunden,
   2. 60 Minuten bei einer Arbeitszeit von mehr als 6 Stunden. Als Ruhepause gilt nur eine Unterbrechung von mindestens 15 Minuten.
(2) die Ruhepausen müssen in angemessener zeitlicher Lage gewährt werden, frühestens 1 Stunde nach Beginn und spätestens 1 Stunde vor Ende der Arbeitszeit. Länger als viereinhalb Stunden hintereinander dürfen Jugendliche nicht ohne Ruhepause beschäftigt werden.

Aufgabe 17

Angenommen, die Bundesregierung plant, durch eine gezielte Steuerpolitik die Nachfrage der privaten Haushalte unmittelbar zu steigern.
Für welche der folgenden Maßnahmen müsste sie sich entscheiden?

(1) Senkung der Körperschaftssteuer

(2) Einführung einer Finanztransaktionssteuer

(3) Senkung der Abschreibungssätze

(4) Senkung der Umsatzsteuer

(5) Senkung der Werbungskostenpauschale

Abbildung zu den Aufgaben 18 bis 20

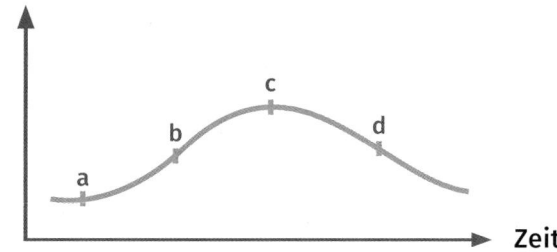

Aufgabe 18

Welche Konjunkturphase ist richtig beschrieben?

(1) Im Punkt a ist die Zahl offener Stellen am Arbeitsmarkt sehr hoch.

(2) Im Punkt b sinken die Preise bei fallender Nachfrage.

(3) Im Punkt b ist bei steigender Nachfrage mit ansteigenden Preisen zu rechnen.

(4) Im Punkt c sind bei niedrigem Preisniveau und großer Nachfrage alle freien Arbeitsplätze besetzt.

(5) Im Punkt d fallen bei steigender Nachfrage und hohem Beschäftigungsniveau die Preise.

Aufgabe 19

Prüfen Sie, welche Feststellung auf die Konjunkturphase im Bereich des Punktes d zutrifft.

(1) Die Aktienkurse steigen stark an.

(2) Die Nachfrage der inländischen Verbraucher nimmt zu.

(3)   Die Gewinnerwartungen der Unternehmer steigen.

(4)   Die Auftragseingänge im verarbeitenden Gewerbe sind rückläufig.

(5)   Es werden mehr Baugenehmigungen erteilt.

Aufgabe 20

Konjunkturelle Schwankungen werden anhand von Konjunkturindikatoren gemessen. Welcher der unten stehenden Indikatoren eignet sich nicht als Konjunkturindikator?

(1)   Zinsniveau

(2)   Preisentwicklung

(3)   Bevölkerungsentwicklung

(4)   Investitionsneigung

(5)   Sparneigung

Aufgabe 21

Welche Aussage über die Preisbildung in der Bundesrepublik Deutschland ist richtig?

(1)   Alle Preise werden durch Absprache zwischen den Unternehmern festgelegt.

(2)   Alle Preise entstehen als Gleichgewichtspreise am vollkommenen Markt.

(3)   Alle Preiserhöhungen von mehr als 10 % müssen vom Staat genehmigt werden.

(4)   Bei der betrieblichen Preiskalkulation wird der Marktpreis ermittelt.

(5)   Die Verbraucher können in manchen Fällen durch ihr Verhalten die Preise beeinflussen.

Aufgabe 22

Ordnen Sie zu, indem Sie die Ziffern von drei der insgesamt sieben Beispiele in die Kästchen bei den Marktformen eintragen.

Beispiele:

1	ein Anbieter, ein Nachfrager	5	wenige Anbieter, viele Nachfrager
2	ein Anbieter, viele Nachfrager	6	viele Anbieter, ein Nachfrager
3	wenige Anbieter, ein Nachfrager	7	viele Anbieter, viele Nachfrager
4	wenige Anbieter, wenige Nachfrager		

Marktformen:

zweiseitiges Monopol ☐

Nachfragepolypol bei Angebotsmonopol ☐

zweiseitiges Oligopol ☐

Aufgabe 23

Wodurch erhöht sich die Nachfrage der privaten Haushalte nach Konsumgütern, wenn alle anderen Einflussfaktoren gleich bleiben?

(1) Senkung der Sozialleistungen

(2) Erhöhung der Kreditkosten

(3) Senkung der Einkommensteuer

(4) Erhöhung des Zinses

(5) Erhöhung der Preise

Aufgabe 24

Welche der folgenden Beschäftigungsgruppen genießt einen besonderen Kündigungsschutz?

(1) Angestellte

(2) Auszubildende

(3) Ausbilder

(4) weibliche Mitarbeiter

(5) Mitarbeiter, die das 50. Lebensjahr bereits vollendet haben

Aufgabe 25

Welche zwei der folgenden Bestimmungen über Gesundheits- und Unfallschutz treffen nicht zu?

(1) Der Arbeitgeber hat die Betriebsräume, Vorrichtungen, Maschinen und Gerätschaften einzurichten und zu unterhalten sowie den Betrieb so zu regeln, dass die Arbeitnehmer gegen Gefahren für Leben und Gesundheit so weit geschützt werden, wie die Natur des Betriebes es gestattet.

(2) Der Arbeitgeber hat dafür Sorge zu tragen, dass jeder Arbeitnehmer seines Betriebes eine Grundausbildung in Erster Hilfe erhält.

(3) Unfallverhütungsvorschriften, die von den Berufsgenossenschaften erlassen werden, müssen im Betrieb an geeigneter Stelle ausgehängt werden.

(4) Aus dem Kreis der Mitarbeiter des Betriebes wird ein Sicherheitsbeauftragter bestimmt.

(5) In Betrieben mit mindestens 500 Mitarbeitern ist ein Werksarzt einzustellen.

Aufgabe 26

Welche Bedeutung hat das folgende Symbol?

(1) Warnung vor Rutschgefahr

(2) Warnung vor elektrischer Spannung

(3) Warnung vor Hindernissen am Boden

(4) Fluchtweg

(5) Notausgang

Aufgabe 27

Nach Auskunft der Berufsgenossenschaft ist die Anzahl der Bandscheibenvorfälle in den letzten Jahren stetig angestiegen. Bei welchen der folgenden Tätigkeiten hat die BüKo GmbH ihre Mitarbeiter auf die besonderen Gesundheitsgefahren für die Wirbelsäule hinzuweisen?

(1) Beratung von Kunden

(2) Umgang mit Gefahrstoffen

(3) manuelles Anheben von Lasten

(4) Benutzung von Leitern

(5) Kassieren

Aufgabe 28

Im Rahmen des Ideenwettbewerbs „Kosten senken durch Energiesparen" machen die Mitarbeiter eines Kaufhauses verschiedene Vorschläge. Welcher der Vorschläge ist am besten geeignet?

(1) Die Schaufensterbeleuchtung kann zwischen 20:00 Uhr und 7:00 Uhr ausgeschaltet werden.

(2) Am verkaufsschwächeren Vormittag können die Rolltreppen abgestellt und die Kunden auf die Treppen hingewiesen werden.

(3) Lieferungen an die Kunden sollten abgeschafft und dafür Waren zur Selbstabholung angeboten werden.

(4) Durch Elimination aller Tiefkühlprodukte aus dem Sortiment können die energieintensiven Kühltruhen entfernt werden.

(5) Die Temperatur in den Verkaufsräumen kann während der Ladenöffnungszeiten auf 17 °C gesenkt werden.

Aufgabe 29

Aus welchem Gesetzestext ist der nachstehend abgebildete Gesetzesauszug entnommen?

(1) Umweltschutzgesetz

(2) Produkthaftungsgesetz

(3) Gesetz gegen den unlauteren Wettbewerb

(4) Handelsgesetzbuch

(5) Bürgerliches Gesetzbuch

§ ...

(1) Wird durch den Fehler eines Produkts jemand getötet, sein Körper oder seine Gesundheit verletzt oder seine Sache beschädigt, so ist der Hersteller des Produkts verpflichtet, dem Geschädigten den daraus entstehenden Schaden zu ersetzen. Im Falle der Sachbeschädigung gilt dies nur, wenn eine andere Sache als das fehlerhafte Produkt beschädigt wird und diese andere Sache ihrer Art nach gewöhnlich für den privaten Ge- oder Verbrauch bestimmt und hierzu von dem Geschädigten hauptsächlich verwendet worden ist.

Aufgabe 30

Mit welcher der folgenden Maßnahmen kann die BüKo GmbH die Verpackungsmengen umweltbewusst vermindern?

(1) Verbrennung des Verpackungsmaterials in Hochtemperaturöfen

(2) Aufstellung von Sammelcontainern zur getrennten Verpackungsmaterialsammlung

(3) Recycling von Verpackungsmaterial im Inland statt im Ausland

(4) Verzicht auf Umverpackungen

(5) Verwendung von Kunststoffpaletten statt Holzpaletten

Teil B: Lösungen im Prüfungsfach Wirtschafts- und Sozialkunde

1. Prüfung		2. Prüfung		3. Prüfung		4. Prüfung		5. Prüfung	
Aufg.	Lösung	Aufg.	Lösung	Aufg.	Lösung	Aufg.	Lösung	Aufg.	Lösung
1.	3	1.	3	1.	2 610,00 € $\frac{90\,000,00 \cdot 5,8\,\%}{2}$	1.	1	1.	4
2.	5	2.	5	2.	4	2.	1	2.	3
3.	3	3.	3	3.	5	3.	5	3.	2
4.	4	4.	5	4.	5, 2, 4, 1, 3	4.	4, 1, 5, 2, 3	4.	3
5.	2	5.	3	5.	5	5.	2	5.	2
6.	3	6.	5	6.	3	6.	1	6.	5
7.	5	7.	5	7.	1	7.	5	7.	2
8.	5	8.	2	8.	3	8.	5	8.	1
9.	3	9.	1	9.	2	9.	4	9.	2
10.	2	10.	3, 3, 2	10.	5	10.	1	10.	3
11.	3	11.	2, 4	11.	2	11.	5	11.	4
12.	4	12.	4	12.	4	12.	3	12.	5, 1, 3
13.	2	13.	3	13.	5	13.	4, 5, 2	13.	3
14.	4	14.	3	14.	1 040 St. *(560 + 480)* 1 144 000,00 € *(1 040 · 1 100)*	14.	85 % $\frac{1\,700 \cdot 100}{2\,000}$	14.	5, 4, 3
15.	3	15.	5	15.	3	15.	207,65 € *(117 000 + 88 000 + 48 000 + 100 000) / (600 + 400 + 200 + 500) = 353 000 / 1 700*	15.	3, 5
16.	3	16.	4	16.	4	16.	3,68 % *100 000 / 500 = 200; (207,65 − 200,00) · 100 / 207,65 = 7,65 · 100 / 207,65*	16.	3
17.	3	17.	3	17.	4	17.	4	17.	4
18.	5, 7	18.	5	18.	2	18.	4, 4, 2, 3, 1	18.	3
19.	1	19.	1, 13, 4, 3, 13	19.	3	19.	3	19.	4
20.	5	20.	4	20.	4	20.	2	20.	3
21.	14, 6, 11, 8, 9	21.	2	21.	3, 5, 6	21.	5	21.	5
22.	4	22.	4	22.	4	22.	4	22.	1, 2, 4
23.	2	23.	3	23.	2	23.	2	23.	3
24.	2	24.	3	24.	2	24.	4	24.	2
25.	4	25.	3	25.	1	25.	1, 5	25.	2, 5
26.	2	26.	5	26.	4	26.	4	26.	3
27.	2	27.	2, 4, 1, 3, 5	27.	4	27.	3	27.	3
28.	2	28.	2	28.	4	28.	2	28.	1
29.	2	29.	5	29.	4	29.	1	29.	2
30.	4	30.	3	30.	4	30.	1	30.	4

Auswertung der Testergebnisse im Prüfungsfach Wirtschafts- und Sozialkunde

Jede Aufgabe wird mit $3,\overline{33}$ Punkten bewertet ($\frac{100}{30}$). Aufgaben mit mehreren Antworten werden anteilig bewertet.

Beispiel: Zwei Antworten von drei sind richtig, eine ist falsch → $\frac{2}{3}$ von $3,\overline{33}$ Punkten ergibt $2,\overline{22}$ Punkte.

Ab der Note 4,6 gilt die Prüfung als nicht bestanden. Die Note ergibt sich durch Zuordnung der erzielten Punktzahl in die folgende Tabelle:

Punkte	Note		Punkte	Note	
100 – 99	1,0		66	3,6	
98 – 97	1,1		65	3,7	
96	1,2	Note „Sehr gut"	64	3,8	
95	1,3		63 – 62	3,9	
94	1,4		61 – 60	4,0	Note „Ausreichend"
93 – 92	1,5		59 – 58	4,1	
91	1,6		57 – 56	4,2	
90	1,7		55 – 54	4,3	
89	1,8		53 – 52	4,4	
88	1,9		51 – 50	4,5	
87	2,0	Note „Gut"	49 – 47	4,6	
86	2,1		46 – 45	4,7	
85	2,2		44 – 43	4,8	
84	2,3		42 – 41	4,9	
83	2,4		40	5,0	
82 – 81	2,5		39	5,1	Note „Mangelhaft"
80	2,6		38 – 37	5,2	
79	2,7		36 – 35	5,3	
78	2,8		34 – 33	5,4	
77	2,9		32 – 30	5,5	
76	3,0	Note „Befriedigend"	29 – 25	5,6	
75 – 74	3,1		24 – 20	5,7	
73 – 72	3,2		19 – 15	5,8	Note „Ungenügend"
71 – 70	3,3		14 – 10	5,9	
69 – 68	3,4		9 – 0	6,0	
67	3,5				

Sachwortverzeichnis

Bildquellenverzeichnis

Bildungsverlag EINS GmbH, Köln: S. 35, 130, 132, 143, 166, 176, 181

Fotolia.com: S. 145, S. 147.2 (T. Michel), 147.3 (Angelika Bentin), 147.4 (made_by_nana), 147.5 (graphic@jet), 172, 184 (Abe Mossop)

RAL gGmbH, Sankt Augustin: S. 147.1

Umschlagfoto: Fotolia.com (Paulista, contrastwerkstatt)